ミニの誕生から終焉

名設計者アレック・イシゴニスを中心として

ALEC ISSIGONIS AND THE MINI

ジリアン・バーズリー 著
Gillian Bardsley

小島 薫 編著・翻訳
Kaoru Kojima

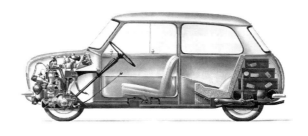

MIKI PRESS
三樹書房

Copyright ©2019 Gillian Bardsley
Japanese translation rights arranged with Gillian Bardsley
through Japan UNI Agency, Inc.

日本の読者の皆さまへ

　この本は、イギリスの著名な自動車設計者、サー・アレック・イシゴニスのエンジニアとしての人生と、彼が誕生させた「ミニ」の歴史を紹介する本です。

　ミニにはイギリスらしさがある、とよくいわれています。またミニを見ると、"1960年代の活気あふれるロンドン"を思い出すという人たちが、イギリスには大勢います。しかし、これだけでは決してこのクルマを語り尽くすことはできません。ミニはイギリス国内にとどまらず、海外でも多くの人々に愛されてきました。なかでも日本は、ミニにとって特別な国です。独特なキャラクターと素晴らしいハンドリングは、ミニを魅力的で、かつ運転も楽しいクルマにしましたが、そのようなミニを日本のドライバーは特別な愛情で迎えてくれたからです。

　日本の皆さまにこの本をお楽しみいただき、ミニの歴史を記憶にとどめていただくと同時に、この素晴らしいクルマを生み出したアレック・イシゴニスについても理解を深めていただけましたら、とても嬉しく思います。

　　　　　　　　　　　　　　　　　　　　　　　　ジリアン・バーズリー
　　　　　　　　　　　　　　　　　　　　　　　　Gillian Bardsley

はじめに
―アレック・イシゴニスを探して―

　私がブリティッシュ・モーター・インダストリー・ヘリテッジ・トラスト（BMIHT）のアーキビスト（注：歴史的文書類の考証、収集、管理などを行なう専門職員）として仕事を始めてまもない頃、『英国人名辞典』（原著名：*Dictionary of National Biography*）を出版するオックスフォード大学出版局から、ある問い合わせが届いた。当時、この出版局では『英国人名辞典』の新版を作成する取り組みが始まっており、"サー・アレック・イシゴニス"の伝記情報を加えたいと考えていたが、その寄稿者がまだ見つかっていなかった。それで、「どなたかご紹介いただけませんか？」という問い合わせが私のところに舞い込んだのだった。

　この時、私はまだイシゴニスについての知識をあまり持ち合わせていなかった。変わった名前なので、いったいどんな人物だろうと興味を持ち、もしかしたらイタリア人かもしれない、などと想像していた。その後、設計のスケッチをテーブルクロスやナプキンに描いていた人とか、"ミニを誕生させた男"と呼ばれていることを知った。今日、道路を走るクルマはどれも同じように見え、個性や特徴を感じられないことが多いが、ミニはこの二つを持っている。そして、そういうミニをつくったのが、アレック・イシゴニスなのだということも知った。

　次に私は、ミニに乗ってみた。それは後期に生産された個体で、誕生当初に持っていた特徴のいくつかを失った世代のミニであったが、それでもこのミニは私にとって、運転が楽しいと思った最初のクルマになった。とはいえ、なぜミニを運転していると楽しいと感じたのか、その理由は説明できなかった。しかし、近くを走る他のドライバーが、運転している私に向かってパッシングすることが時々あり、最初のうちはいったいなぜなのだろうと思っていた。私の運転に何か問題があるのだろうか、それともクルマに何か起きているのだろうかと戸惑

っていたのだ。だが、しばらくして、これはミニに乗っている他のドライバーたちからの親しみの合図だと気がついた。彼らは自分たちの特別なコミュニティにようこそ、と私に挨拶をしてくれていたのだ。この特別なコミュニティの人たちはいつも、道路を走っている仲間を互いに認識している。

　その後、私は『英国人名辞典』の担当者に、"アレック・イシゴニス"について、自分が書きたいと申し出た。学校の課題で作文を書くようなもので、さほど難しい仕事ではないだろうと思ったので、自分で引き受けることにしたのだ。しかし、実際は思っていたほど簡単な仕事ではなかった。イシゴニスについては、雑誌の記事や本で彼の人生の一部を綴ったものがたくさん存在していたが、不思議なことに、過去のどの出版物を読んでも、この人物がいったいどういう人なのか、よくわからなかったのだ。

　過去の出版物を読むと、読者はまず、イシゴニスがトルコのスミルナ（現在のイズミル）で生まれ、子供時代を過ごしたことを知る。次に、イシゴニス家が戦火のトルコを逃れてロンドンに移り住んだことを読む。学校に通って正式に教育を受けたのはイギリスのバタシー高等専門学校（ポリテクニック）のみだということ、数学が大嫌いだったこと、そして自動車業界で仕事を始めたといった話を知ることができるが、その中身はどれも短く、断片的な内容である。次に、イシゴニスのデビュー作で戦後に登場した「モーリス・マイナー」の話になる。その後は、約10年後に誕生する「ミニ」の話まで、一気に時代が飛ぶ。そしてミニが誕生すると、ここで主人公のイシゴニスは私たちの目の前から消え、彼が創造したもっとも有名なクルマ「ミニ」と一体化する。つまり、アレック・イシゴニスとミニの個性と魅力が、一緒に語られ始めるのだ。まるでイシゴニスとミニは同一の存在であるかのように、どちらかについて語れば、それはもう一方のことを語っているかのように描かれている。どういうわけか、どの出版物もこのような内容になっていたのだ。

　こうした過去の出版物を参考に、『英国人名辞典』のアレック・イシゴニスの項を書き終えたが、私は納得がいかなかった。ミニが1959年に発表された後、イシゴニスはこの世から突然姿を消し、ミニと一体化した、などということがあ

るはずがないからだ。それで、イシゴニスのことをもっと調べてみようと決意した。

彼について調べる出発点が、こげ茶色の木製チェストであるのは間違いないと思っていた。そのチェストは、イシゴニスが亡くなる少し前に、ロングブリッジの彼のオフィスから私が勤務するBMIHTに持ち込まれたものだ。それから10年以上、このチェストを気にかける人はだれもおらず、BMIHTの保管室にただ置かれたままになっていたのだ。かつてロングブリッジの敷地内をあちこち移動したこの大型チェストは、その度に落とされたり、ぶつけられたりしてきたため、その中身はジグソーパズルがばらばらに入っているかのように、無秩序な状態になっていた。

大きくて浅い引き出しの一段一段を開けてみると、たくさんの書類、雑誌、写真、メダルや受賞の記念品など、一人の男が残した個人的なものが出てきた。順序よく並べようと思い、私は引き出しをランナーから外し始めた。そして一番下の引き出しを外した時、一冊のノートのようなものが奥の方に落ちているのが見えた。それは、アークライト社製の"トレーシングパッド"だった。オフホワイトのトレーシングペーパーが100枚でひと綴りになっており、茶色の表紙の右上には、"1952年"という日付が青いインクで書かれていた。イシゴニス本人が書

イシゴニスは、アークライト社製の100枚のトレーシングシートがひと綴りになった"トレーシングパッド"をスケッチブックとして愛用していた。戦前の1938年からミニの設計をしていた1957年までの多数のスケッチが、現在も残っている。これを発見したのは、本書の著者、ジリアン・バーズリー。

いたものにちがいない。見つけたトレーシングパッドを慎重に拾い出し、しわになっていた最初のページを伸ばしてみた。すると、私が目にしたのは、極めて美しく描かれたスケッチだった。それは試作車"アルヴィスTA350"の図案だったのである。アルヴィスのスケッチは何十年も、その存在が確認されていなかった。かつてイシゴニスはアルヴィス社で3年間、新型車の開発に励んでいたものの、結局このプロジェクトは中止された。そして、その試作車は、1枚の記録写真すら残されないままに解体されている。アルヴィスは長い間、歴史の表舞台から姿を消していた。しかし、この時突然、極めて壮観かつ立体的な姿で私の目の前に現れたのだ。スケッチにはさらに続きがあった。トレーシングパッドをめくっていくと、あらゆる角度から詳細に描かれた幻のアルヴィスの素晴らしいスケッチが、何ページにもわたって現れたのである。

　チェストの中身の整理を続けているうちに、この発見は単なる偶然ではなかったとわかった。引き出しのなかには、アークライト社製の同じトレーシングパッドが何冊も入っていたのだ。どれもおなじみの青いインクで表紙に日付が書かれており、時にはタイトルも書かれていた。"1938年"の第1冊から"1957年 将来プロジェクト"と書かれた最後の1冊まで、独自の手法で、無数のスケッチが描かれている。イシゴニスはいつも、テーブルクロスやナプキンにスケッチを描いていたという広く世間に知られた話は、大げさに語られた逸話であったことが明らかになったのだ。発見したトレーシングパッドはどれも、一冊のまとまった状態を維持しており、ほとんどのページは切り離されずに残っていた。この一連のスケッチブックは、イシゴニスの20年にわたる取り組みの総合的な記録のように思えた。イシゴニスの"創造の日記"と呼んでよいだろう。たくさんのスケッチが描かれているが、なかには息をのむほど素晴らしいものも混じっている。生まれながらの才能を持つ、類い稀な人物の深層に近づく手段があるとしたら、それはまさにこのスケッチを通してだろうと、この時私は感じていた。イシゴニスはエンジニアであり、私はそうではないが、発見したスケッチは技術的な図案であると同時に"作品"と呼びたくなるような芸術性があり、その素晴らしさにぐいぐいと引き込まれていったのだ。大きな感動を覚え、これを描いていた時

に、イシゴニスに見えていたものとまったく同じものを、自分もいま見ているにちがいないと感じながら、私はじっとスケッチを見つめていた。

　こうして、イシゴニスのことをもっと知りたいと思う気持ちが、さらに強まった。ノート、レター、メモなど、残された膨大な資料を調査し、解明すべき時がやって来たのだ。調査を始めると、本人の手書きの日記に書かれている内容が、ミニの開発の歴史として、これまで一般的に知らされてきたものとは少し異なる点があることに気がついた。また、モーリス・マイナーとアルヴィスの開発実験テストについても読んだ。それに、イシゴニスと友人、同僚、交流のあった有名人との手紙のやりとりも分析した。イシゴニスがどんな人だったかを知るために、今では高齢になっている、かつて彼と親交のあった人たちに、ぜひ話を聞かせて欲しいと面談のお願いもした。イシゴニスが母をとても大切にしていたこと、仕事に熱心で没頭していたことも知った。イシゴニスは自分の革新的なアイディアについて来られない人には傲慢な態度をとったので、"アラゴニス"（= Arragonis、傲慢なイシゴニス "arrogant Issigonis" からできた造語）と呼ばれていたことも聞いた。また、仕事熱心なあまり、同僚に無理な頼みをすることから "イシゴンイェット"（ = Issygonyet = Issy gone yet? イシゴニスはもう帰宅したか？の意味）と呼ばれていたことも知ったし、お酒を飲みながら一緒に会話を楽しんでいた友人たちからは、"ジニゴニス"（= Ginigonis、お酒の "gin" と "Issigonis" を合わせてできた造語）と呼ばれていたことも知った。また、20世紀の名車「ミニ」をつくった彼には、"ミニゴニス" というニックネームがあったこともわかった。イシゴニスが住んでいた家を訪ねた時は、予想外に質素な家だったので、とても驚いたし、彼の子供時代および若い頃の写真を多数検証し、当時の友人関係や熱中していた事柄についても知ることができた。また、イギリス国立公文書館を訪ね、1920年代初頭までトルコに住んでいたイシゴニス家のルーツも探った。さらに、イシゴニスが晩年に、自分の伝記を出版しようと計画していたことも知った。伝記は実際には書かれなかったが、その素材として残された録音テープを聞き、子供時代や若い頃の思い出話に触れることもできた。こうしたすべてを通して、類い稀な才能を持つが、同時に普通の人

でもあったイシゴニスの人物像が、浮かび上がってきたのである。

　伝記を書くために、さまざまな素材に接してイシゴニスのことを知ったが、アークライト社製のトレーシングパッドを発見し、その紙のしわを伸ばし、彼が実に自然によどみなく描いたスケッチのラインを目にした瞬間こそが、私がイシゴニスという人物にもっとも近づいた時であった。ひと通りの調査を終えて、このことにあらためて気がついたのである。

　さあ、これまで謎に包まれていたイシゴニスと、彼の最高傑作「ミニ」の話を始めよう。

ジリアン・バーズリー

Gillian Bardsley

注：『英国人名辞典』の新版は、『オックスフォード英国人名辞典』（原著名：*Oxford Dictionary of National Biography*）という新たな名称になり、2004年に全60巻で発行されている。

目次

日本の読者の皆さまへ　ジリアン・バーズリー／3
はじめに　—アレック・イシゴニスを探して—　ジリアン・バーズリー／4
おもな登場人物／14

第1章　「ミニ」までの道のり

1　アレック・イシゴニス、トルコに誕生 …………………………………… 15
トルコに生まれた「ミニ」の生みの親　15／イシゴニスの運命を変えたオスマン帝国の崩壊　18

2　イギリスでの生活 …………………………………………………………… 20
新生活の基礎固め　20／最初のクルマでヨーロッパ旅行　21／学校でエンジニアリングを学ぶ　23／趣味のモータースポーツ　25／サイクルカーで学ぶ　26

3　自動車業界へ ………………………………………………………………… 28
ジレット社に就職　28／再び趣味のモータースポーツ　30／オースティン・セブンで実験　33／コベントリーのハンバー社へ　37

4　自作のレーシングカー「ライトウェイト・スペシャル」 ……………… 40
コベントリー近郊に引っ越す　40／ジョージ・ダウソンとの出会い　41／新たなプロジェクト　41／ドイツGP（1935年）をニュルブルクリンクで観戦　44／ライトウェイト・スペシャルの完成　47

5　業界大手のモーリスへ ……………………………………………………… 49
モーリス・モーターズ　49／ジャック・ダニエルズとの出会い　50／モーリスでの戦前の仕事とスケッチブック　52／オースティンとモーリス　53／モーリス副会長の密かな計画　56

6　戦時の極秘計画"モスキート" ……………………………………………… 57
第二次世界大戦中に始まった開発　57／少人数チームの結成　60／イシゴニス・チームの仕事の進め方　61／イシゴニス本人がテストドライブ　62／"モスキート"とはどんなクルマか　64／モーリス創業者の猛反対　67

7　デビュー作「モーリス・マイナー」の誕生 ……………………………… 70
戦後初のロンドン・モーターショーで発表　70／輸出優先時代のモーリス・マイナー　72／前輪駆動のモーリス・マイナーを試作　74／アレックス・モールトンとの出会い　74／オースティンとモーリスの合併　75／イシゴニス、アルヴィスへ転職　75／BMC誕生後のモーリス・マイナー　76／デビュー作が100万台突破　77

8　まぼろしの新型車"アルヴィスTA350" ……………………………………… 79

イシゴニス、アルヴィスへ　79／新たなチームづくり　79／TA350の基本構造　80／TA350の開発　81／プロジェクトの中止　83／イシゴニス、BMCのロングブリッジへ　84

第2章　「ミニ」の誕生

1　「ミニ」（ADO15）誕生の背景 ･･･ 85
　　　BMCのラインナップ　85／新チームの結成　86／イシゴニスのチーム運営　88／ピニンファリーナ親子との出会い　90／石油危機により、小型車が最優先に　90／BMC復帰後のスケッチブック　93

2　革新的な小型車構想 ･･･ 94
　　　小型車革命を起こした新レイアウト　94／アイディアを現実の設計へ　96／新レイアウトの発想の源は何か　99

3　"XC9003"の実験 ･･ 101
　　　ロングブリッジの実験施設　101／イシゴニスが最初にテストドライブ　103／レオナード・ロードの役割　105／ポメロイにも小型車設計案を依頼　108

4　"ADO15"のテスト ･･ 109
　　　"XC9003"から"ADO15"へ　109／試作車の集中テスト　111／量産試作車の海外テスト　114

5　"ADO15"の生産準備 ･･･ 115
　　　イシゴニスのメモと『ミニ・ストーリー』の相違点　115／生産ラインの準備　118／初期生産の不具合　123

6　「ミニ」のデビュー ･･ 126
　　　発表前の不安　126／「オースティン・セブン」と「モーリス・ミニマイナー」127／自動車メディア向けの発表試乗会　129／ロングブリッジでの発表会　130／出足が遅かった初期の販売　132／発表直後の課題　133／自動車誌の1962年の読者調査　134

Column 1　ミニの「衝突テスト」を実施したスターリング・モス　135

第3章　新時代のクルマ「ミニ」

1　"時代の象徴"の誕生 ･･･ 137
　　　出足が鈍かった販売　137／イシゴニスの友人が王女と結婚　138／ファンがもたらした新たな名前　140／1960年代のイギリスでアイデンティティを確立　141／ラグジュアリーなミニ　142

2　「ミニ・クーパー」（ADO50）の誕生 ･･ 144

ミニに備わっていた資質　144／ダウントンのミニ　145／ジョン・クーパー　147／ミニ・クーパー誕生　149

3　「ミニ・クーパー」とモータースポーツ ……………………………… 153

ミニ・クーパーの戦略　153／イシゴニスもクーパーの活動に協力　154／クーパーSの登場で躍進　155／ダウントン・エンジニアリングの貢献　156／オーラを持ち始めたミニ　157

Column 2　イシゴニスの友人、エンツォ・フェラーリ　159

第4章　時代を築いた「ミニ」

1　マーケットに浸透する「ミニ」と派生モデル ……………………………… 161

「ミニ」誕生後のイシゴニスとチーム　161／派生モデルの誕生　162

2　ミニの兄たち〜「1100」（ADO16）と「1800」（ADO17）〜　165

「1100」（ADO16）　165／ハイドロラスティックの初導入　166／ピニンファリーナとのコラボレーション　167／イギリスでベストセラーのファミリーカー　168／「1800」（ADO17）　168／限度を超えた"ミニマリズム"　170

3　進化する「ミニ」〜改良とMk II（1967年）〜 ……………………………… 170

改良とMk II（1967年）　170／イシゴニスのこだわり　171

4　「ミニ・モーク」、およびスペシャルなミニ ……………………………… 174

「ミニ・モーク」　174／「オースティン・アント」（ADO19）　175／2シーターモデル（ADO34）　177／スペシャルなミニ　178

5　映画『ミニミニ大作戦』とイギリス自動車業界の再編 ……………………………… 178

映画と合併　178／イシゴニス、技術統括責任者を退く　180／「マキシ」（ADO14）はどんなクルマか　180／イシゴニス・チームのその後　183／ミニの生産台数は200万台に　183／イシゴニス、ナイトの爵位を授かる　185

6　Mk III（ADO20）と「ミニ・クラブマン」 ……………………………… 186

Mk III（ADO20）　186／ハイドロラスティックに消極的だったイシゴニス　187／ミニ・クラブマン（ADO20）　187／イシゴニスはMk IIIをどう見ていたか　188／生産工場の一本化と"ミニ"ブランドの誕生　189

7　低迷期の1970年代、そしてライバルの台頭 ……………………………… 190

「ミニ・クーパー」の終了　190／ADO70（"カリプソ"プロジェクト）　191／再び石油危機　192／イノチェンティのミニ　193／ブリティッシュ・レイランドの国有化と"スーパーミニ"の登場　193

Column 3　サスペンションの大家、アレックス・モールトン　195

Column 4　ミニの価格は安すぎたのか〜BMCの価格戦略〜　198

第5章　異例の長寿モデル「ミニ」

1　後継モデルの議論 201

後継モデルの基本概念　201／"ミニミニ"プロジェクト（XC8368）　202／"ミニミニ"から"9X"へ　205／安い価格で、高い利益を生む後継モデルを提案　205／もし、"9X"を1971年に実現できていたら　207／ミニの20周年と「メトロ」の発表　208／その後のイシゴニス　210

2　1980年代と1990年代の「ミニ」 211

生産台数500万台に到達　211／社名変更と民営化　212／5年おきに開催された記念イベント　213／「ミニ・クーパー」の復活　214／「ミニ・コード」　215／BMWのローバーグループ買収　215

3　愛され続ける「ミニ」 218

BMWの撤退　218／「ミニ」の生産終了　218／愛され続ける「ミニ」　219

第6章　定年後のイシゴニス

1　コンサルタント契約と新たな生活 222

定年退職後も9Xに取り組む　222／耳の病と母の死　225／正真正銘の変わり者　226／耳の手術を決断　227

2　"ギヤレスカー"のプロジェクト 229

もうひとつのプロジェクト　229／ギヤレスカー、実現の兆し　231

3　在宅ワーク 233

体調の悪化　233／マーク・スノードンとロッド・ブル　234／「ミニ」の改良に貢献　237／禁煙と禁酒　238

4　新型エンジン対決 239

待望の新型エンジン　239／9Xエンジンの特徴　240／9X対Kシリーズ　242

5　エンジニア人生を全うして 245

伝記の素材集め　245／永遠の遺産　246

ブリティッシュ・レイランド誕生までの変遷：1895－1968／248
ブリティッシュ・レイランド誕生後の変遷：1968－2000／250
あとがき　小島 薫／253

■おもな登場人物

アレック・イシゴニス
1959年にデビューした「ミニ」の設計およびデザインを手がけた自動車エンジニア。1948年にも、戦後を代表する小型車「モーリス・マイナー」を誕生させている。本書の中心人物。

イシゴニスの上司

ナッフィールド卿（ウィリアム・モーリス）
モーリス創業者。

マイルズ・トマス
モーリス副会長。モスキート（モーリス・マイナー）のプロジェクト責任者。

ヴィック・オーク
モーリス時代のイシゴニスの直属上司。イシゴニスの才能を早くから見い出し、登用する。

レオナード・ロード
BMC会長。1955年の終わり頃、BMCの新たなラインナップをつくることをイシゴニスに命じる。そのなかには、小型車（後のミニ）の開発も含まれていた。

ジョージ・ハリマン
BMC副会長。レオナード・ロードの後継者となり、後にBMC会長となる。

イシゴニス・チームの主要メンバー

ジャック・ダニエルズ
設計エンジニア。イシゴニスの片腕として、モスキート（モーリス・マイナー）、ADO15（ミニ）の開発に大きく貢献する。

レジナルド・ジョップ
モスキートのボディ担当エンジニア。

ジョン・シェパード
アルヴィスで初めてイシゴニスのチームメンバーになり、BMCでの新チームでもメンバーとなる。製図担当。

クリス・キンガム
シェパードと同様、アルヴィスでイシゴニス・チームのメンバーとなり、後にBMCのチームでも活躍する。エンジン担当。

チャールズ・グリフィン
モーリスの本拠地カウリーに席を置いていたグリフィンは、特にロードテストでADO15の開発に大きく貢献。後にADO16（1100）のリーダーを務める。

アレックス・モールトン
イシゴニスがアルヴィスで新型車の開発に取り組んでいた時代からフリーランスのコンサルタントとしてチームのメンバーとなり、イシゴニスと共同作業でサスペンションの開発に取り組む。イシゴニスの良き友人。

第 1 章　「ミニ」までの道のり

1　アレック・イシゴニス、トルコに誕生

トルコに生まれた「ミニ」の生みの親

　ミニというクルマは、自動車業界では珍しいことに、一人の人物と強く結びついている。一般的に新型車は複雑な共同作業によって誕生し、関わった人たちの名前は明かされないことが多い。しかし、本書の中心人物であるアレック・イシゴニスという名は、今も人々に記憶されている。その理由は、イシゴニスがイギリス自動車業界初の世界的な著名人であり、また彼に並ぶ世界的な著名人がイギリス自動車業界に未だ誕生していないからかもしれない。

　「ミニ」はイギリスの 1960 年代を支配していた若者を中心とする"大衆文化"の代表であり、イギリスの象徴になったクルマである（詳細は第 3 章の 1「"時代の象徴"の誕生」を参照）。そのミニをイシゴニスが生み出すことになろうとは、彼が誕生した時点ではだれも予想できなかったであろう。なぜなら、アレック・イシゴニス（正式名：アレグザンダー・アーノルド・コンスタンティン・イシゴニス）が生まれたのはイギリスではなく、トルコだったからだ。イシゴニスは 1906 年 11 月 18 日に、トルコの賑やかな港湾都市、スミルナ（現在のイズミル）に生まれた。スミルナは何世紀にもわたってヨーロッパとアジアを結ぶ貿易の拠点であった。アレック・イシゴニスは一人っ子であり、父のコンスタンティンはギリシャ系で、海洋エンジニアの仕事をしていた。また母のハルダはドイツ系で、実家はビールの醸造所を営んでいた。しかし、ギリシャ系の父も、ドイツ系の母も、トルコで生まれ育っていた。さらにもうひとつ、この家族のルーツをわかりにくくしていたのは、アレック・イシゴニスの父と母が"親イギリス派"であったことだった。

父コンスタンティンは若い頃、十数年間イギリスに住んでいたことがあり、父はこの間にイギリス国籍を取得している（1897年6月28日に取得）。イギリスで何をしていたのか詳細は明らかではないが、工業技術を学んだり、鉄道関係の仕事をしたりしていたようだ。その後、コンスタンティンはイギリスを離れてトルコに戻り、結婚して家庭を持つが、イギリスを生涯愛し続けた。そのため、息子のアレックはトルコで生まれ育ちながらもイギリス人の家庭教師から読み書きと計算を教わり、イギリス式の教育を受けていた。そして、まだ見ぬイギリスという国への憧れや忠誠心も、少年アレックのなかに育まれていったのだった。

　ところで、イシゴニス家とイギリスとのつながりは、実はアレックの祖父の時代に始まっており、祖父がイギリス国籍を最初に取得している。ギリシャのパロス島からトルコのスミルナに移り住んだ祖父のデモセニスも、父と同様に優秀なエンジニアだった。祖父は新型のウォーター・ポンプの設計と製造に成功してスミルナに工場を設立し、イギリスがトルコに敷設していた鉄道に関わる仕事をしていた（スミルナとアイドゥンを結ぶ路線）。ところが、ギリシャとトルコの関係が悪化し、危険を感じた祖父は両国の闘争から家族と工場を守るために、スミルナのイギリス領事館を介して、イギリス国籍を取得したのだった。

　アレック・イシゴニスはトルコのスミルナという父方のルーツでも、母方のルーツでもない第三国で、何不自由のない裕福な少年時代を過ごしていた。スミルナに住んでいた親戚のなかで、イシゴニス一家と特につきあいが深かったのは、母の従姉妹のヘティ・ウォーカーの一家だった。ヘティはイギリス人のチャールズ・ウォーカーと結婚しており、ゲラルド、メイ、アンソニーという三人の子をもうけていた。この三人はアレックの遊び友達で、なかでもメイはアレックの半年ほど後に生まれており、メイにとってアレックはもう一人の兄のような存在だった。このウォーカー家の子供達は、アレックと一緒に複数のイギリス人家庭教師から、読み書きをはじめとする主要科目を教わっていた。またチャールズ・ウォーカーとアレックの父コンスタンティンも仲が良かった。純粋なイギリス人であるチャールズ・ウォーカーの一家と日常的に親しくつきあっていくなかで、アレックの父と母、そしてアレック自身もイギリスへの親しみを深めていった。

第 1 章 「ミニ」までの道のり

トルコで撮影された家族および親戚との写真。右から三人目の少年がアレック・イシゴニス。その両側にいるのがアレックの父と母。右端の少年は親戚のウォーカー家の長男ゲラルド、中央に立っている少女はその妹のメイ（1910 年頃撮影）。

　父コンスタンティンは、息子のアレックをイギリスの学校で学ばせようと計画していた。それは、ノーサンプトン近郊の"アウンドル"というパブリック・スクール（上中流の子弟を対象とする中高一貫の寄宿制の私立学校）で、将来、アレックをこの学校で学ばせたいと考えていた父コンスタンティンは、1912 年頃、アウンドル校にその意思を伝えている。だが、1914 年に第一次世界大戦が勃発したため、この計画は実行できなかった。もしこの学校で学んでいたら、アレック・イシゴニスの将来は、実際に彼がその後に歩んだ道とは大きく異なっていたであろう。

　ところで、アレック・イシゴニスが最初に仕事を始めたのは、スミルナにいた 13 歳の時だった。それは鉄道操車場の製図室での仕事で、ここで 3 年間働いていた。当時を振り返って、後にイシゴニスは次のように語っている。

　「鉄道の転車台をつくることが私の最初の仕事でした。これにはがっかりしましたね。てっきり最初から、機関車の設計に取り組むのだと思っていましたから」

将来、ミニを設計するイシゴニスのエンジニア人生は、このように始まったのである。

イシゴニスの運命を変えたオスマン帝国の崩壊
　1299年に建国されたトルコのオスマン帝国は、16世紀には西アジア、北アフリカ、バルカン半島にまで領土を拡大して繁栄していたが、その後、徐々に衰退に向かっていた。そうした状況のなかで第一次世界大戦が1914年に始まるが、ドイツと同盟を結んで参戦したトルコは、1918年10月30日に降伏して敗戦国になった。そして戦後の講話条約交渉が行なわれていた翌年5月に、連合国（英仏露を中心とする戦勝国）に支援されたギリシャ軍がイシゴニス一家の住むスミルナに進軍し、占領する。さらに、1920年8月のセーヴル条約（連合国とオスマン帝国が結んだ第一次大戦の講和条約）によって、スミルナはギリシャ領土となる。これに対してトルコは祖国を守ろうと反撃を開始し、ケマル・パシャが率いるトルコ軍とギリシャ軍との戦いが始まる。そして1922年9月、ケマル・パシャがトルコ軍とともにスミルナに入った後に、スミルナは炎に包まれた。大勢の人々が亡くなり、また古代から栄えたこの都市の歴史的建造物の多くも焼失した。

　こうしてイシゴニス一家のスミルナでの何不自由のない生活は、突如崩壊してしまったのである。しかし、父コンスタンティンがイギリス国籍を持っていたことが、この一家を救った。アレックは父と母とともに、スミルナに住むイギリス人の救助にやって来たイギリス海軍の軍艦に乗り込み、何とかスミルナから脱出することができたのだ。だが、命は守れたものの、これまで裕福な生活を送ってきたイシゴニス一家は、ほとんど無一文の避難民になってしまった。

　イギリス海軍の船が向かった先は、マルタ島（当時はイギリス領）だった。イシゴニス一家は親戚のウォーカー家と一緒に、しばらくマルタ島にとどまることになった。しかし、避難生活が始まってまもなく、アレックの父コンスタンティンは深刻な病に倒れる。そして数ヵ月が経っても、コンスタンティンには回復の兆しはいっこうに見られなかった。母ハルダは、まずは息子のアレックを最終目的地のイギリスに向かわせようと決断する。アレックは母とともにマルタ島からシチリ

第1章 「ミニ」までの道のり

ア島経由でイタリア、スイス、フランスへと旅を続け、1923年の春、ついにイギリスにたどり着いた。

　その後、母ハルダはロンドンの賄い付きの下宿屋に16歳のアレックを残し、病

1922年、イシゴニスの故郷であるトルコのスミルナは戦いの炎に包まれた。ギリシャ系の父がイギリス国籍を持っていたおかげで、イシゴニス一家はイギリスの軍艦に乗ってスミルナを脱出し、マルタ島へ逃れることができた。この島で避難生活を送った後、イシゴニスは母とともにヨーロッパを陸路でイギリスへ渡る。地図中の名称および国境線は2019年現在のもの。

19

に苦しむ夫のいるマルタ島へ戻った。アレックはたった独り、ロンドンで父と母を待つことになった。しかし、病に倒れてから9ヵ月後の1923年6月1日、父コンスタンティンはマルタ島で帰らぬ人となった。アレックはマルタ島から戻った母から、父が亡くなったことを聞かされ、打ちひしがれた。アレックはエンジニアだった父をとても尊敬していた。そして将来、自分も父と同じように優秀なエンジニアになりたいと思っていたのだ。

　後年、親しい友人から父が亡くなった理由を聞かれた時、アレック・イシゴニスは父の病について具体的には語らなかったが、「父は傷心のあまり、亡くなったのです」と答えたという。わずかな身の回り品だけを持って戦火のトルコを逃れ、一家が避難民になった時、父コンスタンティンは病のみならず、心にも深刻な傷を負ったのであろう。避難民になるという衝撃的な出来事に加えて、コンスタンティンを失い、母と息子はこれまで以上に強い絆で結ばれた。そしてこの強い絆は、50年ほど先に母が亡くなるまで長く続くことになる。

2　イギリスでの生活

新生活の基礎固め

　トルコでは、ギリシャ軍を撃退したケマル・パシャが初代大統領となり、1923年10月にトルコ共和国が成立した。また、その3ヵ月前の1923年7月、トルコの新政権はセーヴル条約に代わる新たな講和条約として、連合国との間でローザンヌ条約を締結した。そしてスミルナ（イズミル）は、この条約によって再びトルコの領土となった。

　ところで、この"スミルナ"という名は、もともと古代ギリシャの植民都市だった時代からの旧称であり、ギリシャ語に由来している。スミルナがオスマン帝国領となったのは1425年であるが、イシゴニス家が住んでいた20世紀初頭になっても、この商業都市にはギリシャ系の人々が多数住んでいたので、依然としてスミルナと呼ばれていた。イシゴニス一家もこの地をスミルナと呼んでいたので、本書では引き続き、現在の"イズミル"ではなく、"スミルナ"と呼んでいきたい。

第 1 章 「ミニ」までの道のり

　アレック・イシゴニスの母ハルダは、トルコ共和国が誕生した後に再びスミルナを訪れている。その目的は、トルコに残した財産を取り戻すことだった。しかし、これはかなわなかった。だが、イギリス国籍の避難民として、イギリス政府に失った財産の補償を求めることはできた。希望した金額を満額受け取れたわけではなかったが、普通の暮らしをしながら息子のアレックを学校に進学させられるくらいのお金を受け取ることができた。この時、実際いくらの補償金を受け取ったのかは記録に残っていないが、1万ポンドほどであったらしい。当時、高い技術や専門知識を持つ高収入の人たちの賃金が週に5ポンドほどであったことからすると、この補償金はかなりの額である。こうして、母と息子がイギリスで生活していくために当面必要な金銭の目処が立った。

　次のステップは、家探しだった。1923年にイギリスにやって来たハルダとアレックは、当初はロンドン南西部地区にあるクラッパムの賄い付きの下宿屋に仮住まいしていたが、1925年の初め頃、クラッパムから南へ15kmほどのところにあるパーリーに平屋建ての一軒家を借りて引っ越した。トルコ時代から交流のあった親戚や友人たちもパーリーの近くに移り住んでいたので、パーリーのイシゴニス家はその後長らく、昔馴染みの人たちが集う場となった。

最初のクルマでヨーロッパ旅行

　1924年夏、アレックは母ハルダから10hpの新車のサルーン、シンガーを買ってもらう。これは、アレック・イシゴニスが日常的に乗った最初のクルマである。このシンガーの価格は、275ポンドという大金だった。前述のように、高い技術や専門知識を持つ高収入の人たちの賃金が週に約5ポンドであった当時、この価格は彼らの年収に相当する金額であり、非常に高額な買い物だったといえる。イギリスではこの時代、自動車はすでに鉄道と並んで重要な移動手段となっていたが、個人が所有するにはまだ非常に高価なものだったのだ。避難民になったことや家族の一人を失うという、トルコを脱出してイギリスに落ち着くまでの2年間に起きた悲しい出来事による心の傷をいやすために、ハルダは思い切ってこのクルマを買ったのであろう。アレックは、"サロメ"という愛称をこのクル

21

マにつけた。そして 1925 年の夏、ハルダはこのシンガーに乗ってヨーロッパ大陸へ旅行に出かけようと計画する。この旅にはハルダとアレックの他に、親戚のゲラルド・ウォーカー（アレックより 4 歳年上）も同行した。

ヨーロッパ旅行は数週間続き、ベルギー、フランスのベルサイユ、フォンティーヌブロー、コートダジュールなどを訪れた。また、モナコのモンテカルロにも初めて訪れている。ハルダとアレックはこの街を大変気に入り、後にアレックが独り立ちし、生活にゆとりができるようになると、二人はモンテカルロを何度も訪れている。アレックが運転するシンガーは、モンテカルロを出発した後、スイスアルプスを越えてイギリスへ戻った。この旅には亡き父が遺したカメラを持って出かけたので、数枚の写真が残っている。

ハルダとゲラルドは運転免許を持っていなかったので、運転はすべて、まだハンドルを握って間もない 18 歳のアレックが行なったことになる。途中、何度かシンガーに修理が必要になり、運転しながら修理工場を見つけてクルマを持ち込んだりしたようだ。また、旅の終わり頃には、タイヤはすっかりすり減っていた。イシゴニスは後に、あの旅で"サロメ"はひっきりなしにパンクしていたと語っている。1920 年代にはクルマの普及は始まっていたが、イシゴニスはこの旅

母が購入したシンガーのサルーンでヨーロッパ旅行へ。道中はすべてイシゴニスが運転。後席に座っているのは、母のハルダ。

で、クルマには改良すべき事柄がまだ無数に残されていることを身をもって知ったのである。

学校でエンジニアリングを学ぶ

　ヨーロッパ旅行からイギリスへ戻った後に、アレックは当時"ポリテクニック"と呼ばれていた高等専門学校へ通い始める。アレックは19歳になろうとしており、高等専門学校に進学する一般的な年齢よりも少し年上になっていた（1920年代のイギリスの義務教育終了年齢は14歳であり、当時、"ポリテクニック"に通い始める一般的な年齢は15歳）。進学せずに、"見習い工"として社会に出て、技術を習得した後に正式に職に就く道も考えられたが、トルコ時代はイギリス人の家庭教師から学んでおり、正式な学校教育を受ける機会がなかったアレックの場合、将来性のある見習いの職を得ることは難しいと思われた。ハルダは息子に大いに期待するタイプの母親で、アレックには高い能力があるのだからそれを発揮できる職に就いてしかるべきだと思っていた。アレックの父がエンジニアであったことから、その息子もエンジニアになるのが自然の流れだと母も本人も考えていた。そして、ロンドンのバタシー高等専門学校に入学する。当時、バタシー高等専門学校の学生は、ロンドン大学が授与する理学士（Bachelor of Science、略してBSc）の学位の取得が可能であり、母ハルダの希望はこの学位をアレックが取得することだった。これは時間もお金もかかる教育プロジェクトであったが、親戚から資金援助を受けることが可能になったこともあり、実行可能だとハルダは考えていた。

　ところで、この進路選択の際、絵がうまかったイシゴニスは周囲の人々から美術学校への進学を強く勧められたと、後にイシゴニス本人は話している。だが、イシゴニス家のように代々エンジニアを仕事としてきた家系の若者に美術学校への進学を勧めるということが、果たして本当にあっただろうか。実際、イシゴニス自身も技術関連以外のスケッチはうまくないと話しているし、イシゴニスが残した2,000点以上のスケッチのなかで人物が描かれているのはたった1枚しか残っておらず、美術学校への進学を勧められたというイシゴニスの発言を

裏づける物証は見あたらない。

バタシー高等専門学校は3年間のコースだった。イシゴニスは、機械設計製図については優れた才能を持ち、成績はいつも最優秀であった。しかし、数学は「独創性がまったく発揮できない」（本人談）という理由で、特に嫌いだった。また、子供時代には少なくともドイツ語と、わずかにギリシャ語も話していたはずであるが、外国語も苦手だった。

どうやらイシゴニスという人は、好きなことにはとことん取り組むが、本気になれないものには力が入らないタイプの人だったようだ。子供時代、メカーノ（金属またはプラスチック製部品をボルトやナットを使って組み立てる模型セット）には何時間も集中して取り組んだが、父から勧められたジュール・ベルヌ（フランスのSF作家）の本に読みたがらず、抵抗したり文句を言ったりしていたという。このエピソードからも、気が進まないものはやらないという気質が窺えるし、仕事でも同じような傾向が見られる。

たとえば、新型車の開発プロセス、テスト、実験には非常に熱心に取り組む一方で、市場導入後に起きた問題の解決や日々の書類仕事、管理業務など日常的な仕事には極力時間を使いたくないと考えていたようだ。これから述べるように、既成概念にとらわれない考え方をすることで、革新的なものを生み出して有名になったイシゴニスであるが、彼の得意としない部分では柔軟性が十分だったとはいえないようだ。一途でひたむきであることは、時として視野を狭め

1926年、学生時代のイシゴニス（左）。母ハルダ（右）と親戚のメイ（中央）とのひととき。

第 1 章　「ミニ」までの道のり

てしまう。もっとさまざまなものに興味を持ち、広いものの見方を養っていれば、イシゴニスの人生にはさらに素晴らしい何かがもたらされたかもしれない。

　イシゴニスのこうした性格は、そのバランスの悪さから何らかの犠牲を伴ったであろうと考えられる。だが、それらが問題として彼の人生に表面化してくるのは、まだずっと先の話である。理学士の学位取得についてもこの性格が災いし、試験に3回挑戦したものの、どれも失敗してしまった。結局、理学士の取得はあきらめ、ディプロマ（修了証）の取得に甘んじることになった。イシゴニスは1928年にメカニカル・エンジニアリングの第1級ディプロマをバタシー高等専門学校で取得し、3年間のコースを終えた。

趣味のモータースポーツ

　少し話は戻るが、高等専門学校に通い始める前から、イシゴニスはモータースポーツと接点を持ち始めた。学校に入学する数ヵ月前にあたる1925年4月に、イシゴニスはジュニア・カー・クラブ（JCC）という団体に加入している。その目的は、レースに参加することだった。

　ヨーロッパ大陸の国々とは異なり、イギリスでは公道レースは禁止されていたが、代わりにモータースポーツを目的として世界で初めて本格的に建設されたサーキット、"ブルックランズ"が1907年にサリー州に建設されていた。ブルックランズには2.75mile（約4.43km）のサーキットだけでなく、"テストヒル"と呼ばれる勾配のあるコースも1909年に増設され、クルマの信頼性とスピード、坂道発進、ブレーキと加速など、クルマの性能を試すイベントも開催されるようになっていた。

　イシゴニスが加入したJCCは1912年に設立され、当時"ライトカー（軽量自動車）"と呼ばれていた小型車を発展させることが、このクラブの目的だった。"ライトカー"とは、本格的な自動車と呼ぶにはふさわしいとはいえない"トライカー（三輪車）"と、大型で高価な自動車の中間に位置するクルマだった。こうして将来、小型車革命を起こすイシゴニスはまだ十代だった若い時から、"手頃な価格で手に入る小型車"の発展に関わりを持つことになった。

　イシゴニスは、1925年5月2日（JCCに加入した翌月）にブルックランズで行な

われた第1回の"高速信頼性トライアル"というイベントに初めて参加している。このトライアルでは、当時としては高速の時速20mile（時速32km）を超えるスピードでクルマの信頼性を試すことができた。イギリスでこのような高速信頼性を試すイベントが開催されたのはこれが最初であり、参加車はブルックランズのサーキットを100mile（約160km）走行した。イシゴニスが駆ったのは、前年の夏に母が買ったシンガーのサルーン、"サロメ"である。サーキット走行には向いていないこのファミリーカーも含め、イシゴニスが参加したクラスAには11台がエントリーしており、もっとも排気量が大きい参加車は1100cc、クラス全体の平均時速は33mile（時速53km）であった。

このイベントはもともと高速走行での信頼性の"試験"であり、"レース"ではなかったのだが、ブックメーカー（賭けの胴元）が活動したため、突如としてレースさながらの雰囲気になった。このことが影響したのか、イシゴニスは追い越し禁止区で追い越しをするという、彼らしくない走りをしてしまい、初出走は失格という結果に終わった。

イシゴニスは在学中は学業に専念しており、このトライアルの後はクルマを走らせるイベントには参加していない。しかし、JCCが開催したダンス、ディナー、当時まだ珍しかった飛行場の見学などの交流イベントには参加して、クルマ好きの友人の輪を広げていった。

サイクルカーで学ぶ

イシゴニスがブルックランズで走らせたシンガーのサルーン、愛称"サロメ"にはファミリーカーとしての役割があったので、このクルマを改良や改造ベースとして使うことはできなかった。そこで、イシゴニスは親戚で幼なじみのゲラルド・ウォーカー（ヨーロッパ旅行にも一緒に出かけている）の金銭的援助を受けて、中古の"サイクルカー"を手に入れた。このサイクルカーには、"スージー"という愛称がつけられた。自宅の裏庭に"スージー"を入れ、イシゴニスは何時間も改造作業をして過ごした。

スージーもサロメ同様にすべてのアングルから撮影された写真が残っている。

第 1 章　「ミニ」までの道のり

　それを見ると、スージーは「ブレリオ・ウィペット」と呼ばれる、1920 年代にイギリスでつくられたサイクルカーだったことがわかる。一般的にサイクルカーは非常に軽量につくられ、2 気筒の空冷エンジンであることが多い。本格的な "自動車" と呼ぶにふさわしいクルマを買う余裕がない人たち向けに、実用的につくられて、安い価格で販売されていた。やがて、1922 年誕生のオースティン・セブン、1928 年誕生のモーリス・マイナーというイギリスに初めて登場した "本格的な小型車" との戦いに敗れ、サイクルカーは姿を消すことになる。しかし、イシゴニスがサイクルカーを使ってエンジニアリングの実験を初めて行なったのは、彼の未来を考えると適切な選択であったといえる。

　ブレリオ・ウィペットは、サリー州に工場を構える "エアナビゲーション・アンド・エンジニアリング・カンパニー" という会社が、1920 年から 1927 年にかけて改良を行ないながら製造していた。このサイクルカーは操縦性が悪く、購入した人たちは皆手を焼いていたという。イシゴニスが所有していたモデルは初期に製造されており、998cc ／ 8hp（RAC 馬力／注参照）の V 型 2 気筒の "ブラックバーン" と呼ばれるエンジンを搭載していた。ブルックランズによれば、1920 年代初期にブレリオ・ウィペットがレースにエントリーした記録は残っているが、イシゴニスの "スージー" がエントリーした記録はないという。

　（注：イギリス政府は 1921 年から 1947 年末まで、馬力を基準に自動車に課税していた。RAC と呼ばれる "イギリス王立自動車クラブ" は、政府の求めに応じてその馬力〔RAC 馬力〕を算出する計算式を定める。$D \times D \times n \div 2.5$ がその計算式。D はシリンダー径〔ボア〕、n はシリンダー数を示す）

　イシゴニスは 1927 年ごろまでにブレリオ・ウィペットの "スージー" を手に入れている。中古車を購入しているが、当時の最新モデルはすでにシャフトドライブになっていた。イシゴニスは "スージー" に改造を施しているが、写真で見る限りでは機械的な変更ではなく、ボディをスポーティなスタイルに変更している（この写真の裏側には、現存するなかでもっとも古いと思われるイシゴニスが描いたスケッチが残っている）。

　イシゴニスは "スージー" に改造を施して学んだ。後年、冗談まじりに、

イシゴニスが所有していたサイクルカー「ブレリオ・ウィペット」。愛称は"スージー"。イシゴニスが撮影し、乗っているのは親戚のゲラルド・ウォーカー。

上の写真の裏面に描かれたスケッチ。現存するイシゴニスのスケッチのなかで、もっとも古い。

「"スージー"は、私にとって最初の横置きエンジンのクルマでした」と話している。確かにこれは本当だ。"スージー"のＶ型２気筒エンジンはシャシーに縦長に置かれており、クランクシャフトがリヤアクスルに対して平行だったのだ。この設計を行なったのは、ジョージ・ハーバート・ジョーンズという名のエンジニアである。そしてもうひとつ、偶然があった。このサイクルカーは後にイシゴニスが興味を持つことになる、"ギヤレスカー"でもあったのだ。

3　自動車業界へ

ジレット社に就職

　イシゴニスが高等専門学校を卒業した1928年には、イギリスの自動車産業界はすでに花開き、数多くの自動車会社が存在していた。イギリスの自動車業界の

中心地は、イングランド中西部のバーミンガムとコベントリーであった。たとえば、デイムラー、ハンバー、スタンダード、シンガー、オースティン、ウーズレー、ライレー、ローバーなどが、この地域を拠点としていた。また、アメリカのフォードはすでにイギリスで活動を始めており、最初はマンチェスターを拠点としていたが、1931年にイングランド南東部のエセックス州ダゲナムに移転している。またモーリスは、オックスフォード近郊のカウリーを本拠地としていた。

　イシゴニスは高等専門学校に通っていた時に自動車技術協会（インスティチュート・オブ・オートモーティブ・エンジニアーズ）のメンバーになり、学校の授業後に時折、この協会の講義を受けていた。そして職探しを始めた時、協会の事務局からエドワード・ジレットという人物を紹介してもらうことになる。ジレットは小さなエンジニアリング会社をロンドンのビクトリア・ストリートで営んでおり、イシゴニスはこのジレット社で1928年後半から働き始めた。

　ジレット社は"フリーホイール・コンセプト"と呼ばれる装置の開発に取り組んでいた。これは、自転車のペダルを踏むのを止めた時に惰性で走るのとよく似たメカニズムだった。この装置にはふたつの長所があり、ひとつは燃費が良いことで、もうひとつはギヤチェンジにクラッチが必要ないことだった。当時のクルマはギヤチェンジの操作にはダブルクラッチを踏まなければならず、それなりの運転技術が必要とされた。そのため、クラッチを使わずにギヤチェンジできる"フリーホイール・コンセプト"は魅力的な商品だったのである。しかし一方で、この装置を使って走行している間はエンジンブレーキが効かないという短所があった。しかも、当時のクルマに装備されていたブレーキライニングはまだ信頼性が低かったので、急な下り坂をギヤが入っていない惰性の状態で走る時などには、ブレーキがフェードしないようにドライバーには細心の注意が要求されたであろう。

　イシゴニスはジレット社でこの装置の設計だけでなく、営業も担当した。実際、モーリスやクライスラーに営業活動を行なっており、クライスラーはジレットの"フリーホイール"に大いに興味を持ったという。またローバーは、1933年に「ローバー10スペシャル」というサルーンにジレットの"フリーホイール"を採用している。このローバーは、1932年10月にロンドンのアールズコートで開催されたモーターシ

ョーで発表された。

　イシゴニス本人は後に、ジレット社で働いていたのは短期間だったと話しているが、実際には6年近く働いていた。エンジニアとしてはあまり面白い仕事ではなかったようだが、新たな装置に懐疑的な人たちを説得して物を売るという営業の仕事を通して、イシゴニスは何かを学んだに違いない。賃金はあまり良くなかったようだが、母親から財政的に独立し、家計にも貢献できたのである。

再び趣味のモータースポーツ

　1928年はイシゴニスにとって重要な年になった。前述のように、この年にイシゴニスはバタシー高等専門学校を卒業し、就職している。さらにこの年は、趣味のモータースポーツを本格的に始めた年でもある。すでに書いたように、学校生活がスタートする前に、イシゴニスはブルックランズのイベントに一度だけ参加したことがあったが、その後は学業に専念し、レースには参加していなかった。しかし、モータースポーツへの興味はなくなっていなかった。就職して自由になるお金を持てるようになったイシゴニスは、4年前に母が購入したシンガーのサルーン（総走行距離：約80,000mile〔約128,700km〕）をモータースポーツ向きのクルマに買い換え、再びサーキットでのイベントに参加しようと考えていた。

　若い頃の憧れのクルマは2.3リッターのブガッティで、レース仕様に近いモデルだった、とイシゴニスは1970年代にジャーナリストのコートニー・エドワーズに話している（注：この憧れのブガッティは「タイプ35T」、または「タイプ35B」のどちらかと思われる）。しかし、ブガッティは就職したばかりのイシゴニスが手に入れられるクルマではなかった。イシゴニスが倹約して購入したクルマは、イギリスを代表する小型車、オースティン・セブン（標準モデル）だった。モータースポーツ向きのクルマに仕立てるには、学生時代に手に入れたサイクルカーよりもずっとふさわしいクルマである。このオースティン・セブンを買うにあたって、母も指輪を売って資金援助してくれたので、イシゴニス家では冗談まじりにこのクルマを"ダイヤモンドリングカー"と呼んでいた。イシゴニスは中古車を購入しており、1928年初期に最初のオーナーが登録したこのクルマのナンバーは、VG620であった。

現代の小型車の生みの親、アレック・イシゴニスが、改造するためにまずサイクルカーを手に入れ、次に当時を代表する小型車のオースティン・セブンを手に入れたことは、実にふさわしい選択であった。"オースティン・セブン"という名を後にミニ（ADO15）が引き継いでいることからもわかるように、1922年に誕生した最初のオースティン・セブンは、1959年に誕生するミニと関係が深いクルマだといえる。オースティン・セブンもミニもそれぞれの時代で、"イギリス初の実用的な小型車"であり、ファミリーカーとしてつくられ、手頃な値段で入手でき、しかも運転して楽しいクルマだったからだ。軽量小型エンジンを搭載し、サスペンションの評判も高かったオースティン・セブンは、ミニと同じように、モータースポーツの愛好家から好まれるクルマでもあった。しかも、オースティン・セブンのスペアパーツは入手しやすく、メンテナンスや改造がしやすかった。

　こうして、休日にオースティン・セブンを改良する作業を始めた頃、イシゴニスは、3歳年下のピーター・ランサムと友達になった（ランサムは後に、イシゴニスの親戚で幼なじみのメイと結婚する）。そしてイシゴニスとランサムは、イシゴニスの家の裏庭でオースティン・セブンの改良作業に没頭するようになる。

　1929年3月、イシゴニスは4年ぶりにJCC（ジュニア・カー・クラブ）が主催するイベントに参加し、入賞することができた（この時走らせたオースティン・セブンは、イシゴニスの"ダイヤモンドリングカー"ではなかった）。その3ヵ月後にも"高速トライアル"に出場し、イシゴニスがドライバーを務め、ランサムがメカニックとして参加した。基準速度の32mph（約51km/h）を20%上回る速さで走行し、850ccのクラスで金メダルを勝ち取った。この2回の参戦で満足のいく結果を残したイシゴニスとランサムは、翌年の1930年にもブルックランズのイベントに何度か出場し、メダルをいくつも獲得している。しかし、クルマがまだ発展途上にあった当時、前述のように、これらのイベントは競技というより、高速性能や信頼性を試すことを目的として開催されており、入賞するのはそれほど難しくなかったと一般的にいわれている。やがて二人は、もっと厳しい戦いの場である"シェルズリー・ウォルシュ"に通い、ヒルクライムに参加するようになるが、詳しいことは後に述べたい。

就職後にオースティン・セブンを手に入れたイシゴニス（右）。レース参戦のために、自宅の庭で親友のピーター・ランサム（左）と一緒に改良作業に取り組む（1932年撮影）。

　こうしたレースに参加すると、優れたマシーンで参加する一流のドライバーのレースを観戦する機会にも恵まれた。当時、モータースポーツが行なえる場所は限られていたため、レースはプロもアマチュアも同じ場所で（一日違いで）行なわれた。イシゴニスはアマチュアレースの日に参戦し、プロのドライバーが参戦する日は熱心に観戦した。

　オースティン・セブンのように普通の人が入手しやすいクルマが登場したとはいえ、当時のモータースポーツはまだお金のかかる楽しみだった。プロのレーサーにはスポンサーがついたが、アマチュアのレーサーは、裕福で素晴らしいマシーンが入手でき、時間にゆとりのある人が多かった。イシゴニスと母のハルダは、イギリスではトルコに住んでいた時のような裕福な生活はしていなかったが、モータースポーツに興味を持つことで、富裕層の人たちと交流する機会を持つことができた。どうやら、イシゴニスにはそういう人たちとうまくつきあう素質があったと思われる。純粋なイギリス人の血を引いてはいなかったが、モータースポーツを通して出会う人たちから歓迎される、風格あるイギリス紳士としての素養をなかば自然な形で身につけることができたのである。ブガッティを買えるほどお金に余裕はなかったが、1928年から1950年までの間に数多くのモータースポーツのイベントに参加し（第二次世界大戦中は除く）、交友の輪を広げていった。ジョン・クーパーや俳優のピーター・ユスティノフとも、モータースポーツを介して知り合いになった。

第 1 章　「ミニ」までの道のり

オースティン・セブンで実験

　ジレット社での仕事に飽き足らないイシゴニスは、エンジニアとしての能力を趣味のモータースポーツの場で発揮するようになった。後年、イシゴニスはイタリア人ジャーナリストのピエロ・カスチにこう語っている。

　「私のバックグラウンドにはレースがあることを忘れないでください。レースカーやスポーツカーが大好きなのですよ。うまくコントロールできるクルマというのは、四隅にホイールのあるクルマだと思っています」

　1930 年に、イシゴニスはさらにもう 1 台のオースティン・セブンを購入している。新車で購入したこのクルマは、明るい黄色のオースティン・セブン・スポーツで、登録ナンバーは GH1645 だった。スポーツバージョンは標準モデルより価格が高く、270 ポンドほどであった（ちなみに、1924 年に母が買ったシンガーのサルーンは 275 ポンド）。イシゴニスはこのオースティン・セブン・スポーツで、さらにレベルの高いレースイベントに参加した。まず、1930 年にはイギリス南部のルイスで開催された"ライトカー・クラブ・トライアル"に参加し、出場したクラスで銀メダル（2 位）を獲得している。この大会は、スタンディングスタートで 700 ヤード（約 640m）を駆け抜けるスプリント方式で行なわれた。また、1931 年の同じ大会では、さらに素晴らしい結果を残している。出場クラスの銀メダルを守っただけでなく、全出走車 30 台のなかで総合 3 位になったのだ。この時の 1 位は"テロ"という名で恐れられたフレーザー・ナッシュを運転したディック・ナッシュ、2 位は 1.5 リッターのブガッティを運転したレモン・バートンであったことから、この 3 位は価値あるものだとわかる。

　だが、イシゴニスが最も多く出向いた戦いの場は、シェルズリー・ウォルシュのヒルクライムであり、ここがイシゴニスの"本拠地"だったのだ。シェルズリー・ウォルシュ、1905 年から使われているイギリスでもっとも古いヒルクライムのコースである。イシゴニスは 1930 年から 1935 年にかけて、このシェルズリー・ウォルシュでスーパーチャージャー付きのオースティン・セブンを駆るライバルたちと熱戦を繰り広げている。当時のシェルズリー・ウォルシュでも、ブルックランズと同様にプロとアマチュアのドライバーが同じイベントに参加していた。また、このヒルクライムは非

常に難しいコースとしても有名だった。イシゴニスは自動車エンジニアであると同時に、生涯を通して熱心なドライバーであり続けた。このことが、とりわけモーリス・マイナーとミニを"運転して楽しいクルマ"にしたのかもしれない。

　オースティン・セブン・スポーツを買った1930年から1935年の間に、このクルマにどのような変更が加えられたのかは、数多く残されている写真によって検証が可能であるし、ミッドランド・オートモービル・クラブが保存している資料から、シェルズリー・ウォルシュでの結果を知ることもできる。まず、購入した1930年には、クラス優勝（60.0秒）と2位（60.2秒）という素晴らしい結果をすぐに残している。これを喜んだイシゴニスは、1931年のシーズンに向けて、オースティン・セブン・スポーツに実験的な改良を施す。まず、重心をよくするためにサスペンションに手を加えて車高を下げた。このように配置を変えることで、ハンドリングが変わることを学んだ。次にエアロダイナミクスを向上させた。これで1931年シーズンに向けて、準備が整った。そしてレース当日には、サイレンサーを含むエグゾーストの大部分を外して出走している。エンジン音を大きくすることと、また少しでも速度が上がることを期待したのだろう。しかし、結果は76.4秒と大敗だった。同じクラスのなかでいちばん遅く、この日最速のMG-Mタイプ・ミジェットよりも20秒以上遅かったのである。

　この大敗で、イシゴニスは考え方を変えた。1932年6月にイシゴニスと友人のランサムがシェルズリー・ウォルシュに登場した時に持ち込んだのは、オースティン・セブン・スポーツではなく、最初に買った"ダイヤモンドリングカー"、つまりスタンダードのオースティン・セブンだった。この1台目のオースティン・セブンには、むろん実験的改良が施されていた。イシゴニスとランサムはまず、ステアリングコラムの取り付け位置を低くし、エンジンにはスーパーチャージャーを付けた。また、レーシングタイプのバルクヘッドをペダルの前方に取り付け、剛性を高めた。次に、5ガロン（約23リッター）の標準の給油タンクを装着した。トレーラーを使わずに会場まで行くにはこれだけの量の燃料が必要だったのだ。前シーズンのオースティン・セブン・スポーツに施した改良作業ではdrag（空気抵抗）を減らすことを中心課題にしていたが、"ダイヤモンドリングカー"への改良作業で重点を置いたのは、

軽量化である。最大限の軽量化を実行することで、パワーウエイトレシオを下げることを目的としていた。そしてレース当日には、可能な限りボディパネルを外している。結果は、まずまず良好であった。MGミジェットや他のオースティン・セブンが記録した49.2秒という最速タイムに対して、イシゴニスのオースティン・セブンは55秒だった。

　1台目のスタンダードのオースティン・セブンに施した改良に手応えがあったので、今度はこれまでの実験で学んだことを2台目のオースティン・セブン・スポーツで試すことにした。1931年に大敗したオースティン・セブン・スポーツであったが、1934年シーズンに向けて（注：1933年については、レースの記録が残っていない）、新たに車体を低くするサスペンションを取り付け、また軽量化も進め、6月にシェルズリー・ウォルシュに参戦している。この日出場したなかで最速の記録ではなかったが、イシゴニスのオースティン・セブン・スポーツとしては最速の51.1秒と52.1秒を記録することができた。

　こうしてオースティン・セブンという素晴らしい素材を使って、イシゴニスと親友のピーター・ランサムはさまざまな実験的改良を施してレースに参戦し、満足する結果を出していった。さらに異なる視点から見れば、アレック・イシゴニスはク

改良したオースティン・セブンで練習走行するイシゴニス（右）。同乗者は一緒にこのクルマの実験的改良に取り組んでいたピーター・ランサム（左）。この写真はイギリスで最古のヒルクライムコース、シェルズリー・ウォルシュで撮影。

ルマの設計者として自主トレーニングを開始していたといえる。イシゴニスはジレット社で製図工として、またエンジニアとして仕事を始めていたが、この段階では、彼が将来クルマの設計をすることになるとは、まだだれにもわからなかった。クルマの設計に必要なスキルを会得したのは、仕事を通してではなく、趣

2台目のオースティン・セブンを1930年に購入。1台目は標準モデルであったが、この2台目は「アルスター」と呼ばれるスポーツモデル。このクルマにも改造を施し、このスポーツモデルは、数年のうちに"イシゴニス・スペシャル"へと姿を変えていく。

36

味を通してだったのだ。イシゴニスは「この改造を加えたら、どういう結果になるだろうか？」と自問自答しながら、明確な目的を持ってクルマに手を加えた。そして、レース結果でその効果を確認し、さらに改良を重ねていったのである。美しいスタイリングのクルマにすることも考慮に入れ始めたので、イシゴニスのオースティン・セブンは他のクルマと比べて個性的な姿になっていった。しかし、やがてサスペンションのセッティングを重視するようになり、最終的には性能を第一に考え、外観にはかまわなくなった。またこの時点では、エンジンの設計にはまだ興味を示していない。

　シェルズリー・ウォルシュでの戦いに備え、2台のオースティン・セブンに改良作業を行なったイシゴニスとランサムの姿を思い浮かべると、あることに気がつく。二人は一緒に改良作業を行なったが、アイディアはイシゴニスが出していた。そして、レースで実際に走ったのもイシゴニスであった。つまり、イシゴニスが指揮をとり、ランサムの役割は、イシゴニスのアイディアを実現する手助けを行なうことだったのだ。二人の改良への取り組み方は、後にミニを開発する未来のイシゴニスのチームと同じやり方だったのである。

コベントリーのハンバー社へ

　イシゴニスはジレットで6年近く働いた後、ジレットでの仕事を通して知り合いになったハンバー社のチーフエンジニア、ジョック・ウィシャートから誘われ、1934年に製図工としてハンバー社で働くことになった。その後まもなく、GMが採用したシンクロメッシュ・ギヤボックスが広く自動車業界に浸透し、ジレットのフリーホイール・コンセプトは戦いに敗れたので、結果的にイシゴニスは実に良いタイミングで新しい職場へ移ることができたといえる。しかもハンバー社は、イギリスの自動車産業の中心地であるコベントリーを本拠地としており、この地域で職に就くことでイシゴニスの将来の見通しも明るくなったといっていいだろう。

　1929年に起きた、アメリカのウォール街での株式暴落に端を発した世界大恐慌の影響を受け、イギリス工業界にとって1930年代は苦しい時代であった。しかし、自動車業界は第二次世界対戦が始まるまで比較的好調だった。それは、確

立された産業とは異なり、自動車産業は新しい産業だったため、状況の変化に対応することができたからである。その変化のなかで、小さな会社が吸収合併されることは珍しい出来事ではなかった。第二次世界大戦が始まる1939年までにイギリス自動車業界には、1）モーリスを中心とするナッフィールド・オーガニゼーション、2）オースティン、3）アメリカのフォードのイギリス現地法人、4）ルーツ兄弟が指揮をとるルーツグループ、という大きく4つのグループが成立していた。イシゴニスが仕事に就いたハンバー社は、ルーツグループの自動車会社だった。イギリスの自動車産業は、1935年には1926年の2倍近い生産高をあげ、ヨーロッパで第1位のフランスを追い越すほどの勢いで成長していた。

　ハンバー社は業界の大手であり、イシゴニスはその設計部門の一員となった。これは、スミルナにいた13歳の時に鉄道操車場の製図室から始まったイシゴニスの長い下積み時代がようやく終わり、本格的に仕事に取り組む環境ができたことを意味している。そしてこの先、同じ業界人としてつきあいを持つことになる人たちや、生涯の友として、または職場の同僚として長くつきあうことになる人たちとの交流も始まった。

　ハンバーでのイシゴニスの最初の仕事は、サスペンションシステムの製図をすることだった。オースティン・セブンの改良を通して、特にサスペンションについては、自分はエキスパートだとイシゴニスは自負していた。この時イシゴニスが図面を起こすことになっていたサスペンションには、当時主流のリジッドアクスル（固定車軸）を採用することになっていた。しかし、イシゴニスは新たな技術を試してみたいと思っていた。

　ルーツグループでは、ヒルマン・ミンクスという新型車を1932年に導入していた。ミンクスは、中型車を得意とするモーリスとオースティンに対抗するために開発されたクルマである。ハンバーに入社したイシゴニスは、同僚の若手のエンジニア、クラッパムと友人になっていた。新技術を試したいと考えたイシゴニスは、クラッパムとともに上司を説き伏せ、ヒルマン・ミンクス用の独立懸架式フロントサスペンションを開発する許可をもらい、取り組むことになった。設計したサスペンションを実車に取り付けて実験も行なわれた。しかし、この時、イシゴニスが希望し

第 1 章　「ミニ」までの道のり

ていたコイルスプリングは使えなかった。ルーツグループでは、子会社が生産するリーフスプリングの供給を受けなければならなかったからだ。

　この同僚のクラッパムとともに開発したサスペンションを搭載したモデルは、試作車までしか進まなかった。しかし、ハンバーに入社したばかりで、まだ一介の製図工だったイシゴニスが、上司を説得して新しいサスペンションを開発する機会を得たことは、注目すべき出来事といえる。

　この一件を通して、イシゴニスには発想力と能力があると認められたのか、その後、イシゴニスは当時ハンバーの小さな技術部門のリーダーを務めていたビル・ヘインズ（ビルはウィリアムの愛称）のチームに入って、新型フロントサスペンションの開発を行なうことになった。そしてこのチームの一員として、滑らかでフラットな乗り心地を意味する"イーブンキール"と呼ばれるウィッシュボーンリンクとリーフスプリングを使用した独立懸架式サスペンションの開発に成功している。この新型サスペンションは、1936 年製造のハンバーとヒルマンのいくつかのモデルに採用された。

　当時のイギリス自動車業界は保守的で、新たな技術の実験を積極的に行なって採用しようという動きはあまりなかった。そのため、新技術である独立懸架式サスペンションの開発は欧米諸国よりも遅れていた。しかし、ルーツグループを指揮していたルーツ兄弟は、もともと自動車ディーラーからビジネスを始めた人たちだったため、販売に有利なクルマをつくることには敏感であり、また乗り心地の向上に興味を持っていたのだろう。そのため、イギリス自動車業界のなかでは比較的早い時期に、独立懸架式サスペンションの開発を設計部門に指示している。イシゴニスが開発に関わったこのサスペンションは、イギリスで量産モデルに搭載された独立懸架式フロントサスペンションの先駆けとなった。

　その後、リーダーのビル・ヘインズは 1935 年に SS カーズに職を移した。SS カーズでは 1936 年に"ジャガー"と呼ばれる新型車を発表しようとしていた。"SS"という社名は、前身のスワロー・サイドカー・カンパニー（Swallow Sidecar Company）のイニシャルに由来するが、この名はナチス親衛隊（Schutzstaffel を略して SS と呼ばれた）を思い起こさせるという理由で、後に SS カーズは、"ジ

39

ャガー・カーズ" へと社名を改める。やがてビル・ヘインズは、ジャガーのチーフエンジニアに昇格する。イシゴニスとヘインズは異なる職場で働くことになったが、その後も同じ業界で働く友人としてつきあいが続いていった。

4　自作のレーシングカー「ライトウェイト・スペシャル」

コベントリー近郊に引っ越す

　話は少し戻るが、ハンバー社で働くことで、本書でこれから述べるイシゴニスのエンジニアとしてのキャリアが正式に始まったといえる。1934年初期のこの転職に伴い、コベントリー近郊への引っ越しが必要になり、これまで比較的近くに住んでいたトルコ時代から親交のあった人たちとは、日常生活では距離を置くことになった。

　この頃、この他にもイシゴニスにとって大きな出来事があった。それは、一緒にオースティン・セブンを改良していた親友のピーター・ランサムが、イシゴニスの親戚で幼なじみのメイと結婚したことだった。ふたりは1933年8月に結婚し、翌年には当時イギリスの植民地だったマラヤ（マレー半島にあった国、後にマレーシアの一部）でより良い仕事に就くために旅立った。イシゴニスは、家の裏庭でオースティン・セブンの改良の作業を一緒に行なってきたピーターとも、子ども時代から兄妹のように育ってきたメイとも、これまでのように頻繁に会うことはできなくなった。

　ピーターとメイが結婚して海外へ移住するまでの間に、イシゴニスはジレット社からハンバー社へ転職し、コベントリーに住むことになる。当初は単身で賄い付きの下宿屋に住んでいたが、すぐにコベントリー近郊のケニルワースに賃貸の家を見つけて母を呼び寄せ、2台のオースティン・セブンとともに暮らし始めた。この家にも引っ越す前の家と同じように、広いガレージがあった。トルコ時代から親しかった人たちと離れた場所に住むことになったため、母と息子の絆はいっそう強まったと思われる。そして、この頃からイシゴニスは完全に独り立ちし、今度はイシゴニスが母を養うことになったのだ。

ジョージ・ダウンソンとの出会い

　ケニルワースに引っ越した後、イシゴニスはJCC（ジュニア・カー・クラブ）の友人を介して、ジョージ・ダウンソンというエンジニアと知り合いになった。ダウンソンはラグビー（イングランド中部の都市）のイングリッシュ・エレクトリックという会社に勤務していた。

　ところで、ジョージ・ダウンソンの本当の名は"ジョージ"ではなく、"ジョン"だった。だれかがジョージと呼び始め（イシゴニスかもしれない）、ヒルクライムの仲間内ではジョージと呼ばれるようになった。ダウンソンはケンブリッジ大学で工学の学位を取得した後に、イングリッシュ・エレクトリック社に就職した。実家は大規模な農場を営んでおり、イシゴニスはダウンソンの両親や妹たちと、家族のように親しくつきあうようになる。エンジニアのジョージ・ダウンソンはクルマが大好きで、機械モノも大好きだった。

新たなプロジェクト

　イシゴニスとダウンソンが知り合った当初は、ダウンソンの3リッターのベントレーでトレーラーを引っ張って、イシゴニスのオースティン・セブンを運び、モータースポーツのイベントに参加していた。だが、この頃、イシゴニスはレーシングカーに関する新たな構想を練っていた。レース専用のマシーン、"ライトウェイト・スペシャル"を自分の手でつくろうと考えていたのだ。かつて、ピーター・ランサムとコンビを組んでオースティン・セブンを改良していた時と同じように、今度はジョージ・ダウンソンに手伝ってもらい、自作のレーシングカーをつくろうと考えていた。だが、実際にはダウンソンに出会う前からこの計画は始まっており、二人が知り合いになった時にはすでに、ライトウェイト・スペシャルのシャシーに使う特別な合板を切る作業は始まっていた。

　イシゴニスは、自身で所有するオースティン・セブンはレースと日常の両方で使うことが前提になっているため、競争力が低いと感じていた。そこで自分の手で独自のレーシングカーをつくろうと考えたのだ。イシゴニスがゼロからつくった最初のクルマ、ライトウェイト・スペシャルの設計は、1933年に始まった。予算に余

裕がなかったので、パーツの多くはオースティン・セブンをベースにつくろうとイシゴニスは考えていた。

イシゴニスもダウスンも、趣味を超えた熱心さでこのプロジェクトに取り組んだ。もちろん、レーシングカーをつくることを存分に楽しんでもいた。イシゴニスは後に、このプロジェクトを通して人生の多くを学んだと語っている。彼にとっては、勝つか負けるかの真剣勝負だったのだ。作業中に知り合いがやって来て、「いい天気だね」などと話しかけられることがあっても返事をすることもなく、二人はドリルを持って一心不乱にクルマをつくり続けたという。

イシゴニスはハンバー社に27歳で入社している。次第に責任ある仕事を任されるようになっていたが、まだ製図工であり、1台のクルマの設計全体を手がける機会は当然なかった。そこで、個人的なプロジェクトでクルマの設計を学ぶことを続けたのだった。イシゴニスが若い頃に使っていた小さなノートには技術的なスケッチと計算が残されているが、これを見ると、まだ彼独自のスケッチのスタイルとテクニックは確立されておらず、発展の段階にあることがわかる。ただし、一枚だけ、ボディの構造とサスペンション、エンジンコンパートメントを立体的に描いた注目すべきスケッチがある。これはスケッチによってどんなクルマをつくりたいのかを伝えるという、イシゴニスの将来の手法を先駆けた一枚といえよう（下のスケッチ参照）。

イシゴニス特有の変わったやり方であるが、ケニルワースの自宅のガレージの

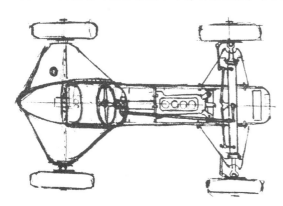

「ライトウェイト・スペシャル」の設計は1933年に始まる。イシゴニスはこの個人的なプロジェクトを通して、クルマの設計を総合的に学んでいく。後に小さなチームを結成し、どんなクルマをつくりたいのかをスケッチによって伝えるという独特の手法でクルマを設計していくが、この一枚はそれを予見させる。

第1章 「ミニ」までの道のり

1934年のまだ初期段階のライトウェイト・スペシャル。当時住んでいたケニルワースの自宅の前庭で撮影。

　壁にライトウェイト・スペシャルの最終デザインを描き、友人のダウスンと共同作業を開始したのは1934年だった。はじめに、オースティン・セブン・スポーツのパーツを取り外した。イシゴニスは当時を振り返って、次のように話したことがある。

　「ジョージと私は毎週末、ライトウェイト・スペシャルをひたすらつくり続けました。必要なパーツを買うお金が足りない時は、手動のドリルで穴を開けて、クルマを軽量化することに専念してましたね。そうしているうちに、ライトウェイト・スペシャルも、私たち自身も、どんどん"軽量化"されていったのですよ」

　イシゴニスとダウスンは電動工具や溶接機械は使わずに、すべて手作業で、自作のレーシングカーをつくっていた。しかし、ライトウェイト・スペシャルをつくり始めた頃には、まだアイディアが十分ではなかった。そこで、イシゴニスはトップレベルのモータースポーツから刺激を受け、着想を得ようとしていた。

43

ドイツGP（1935年）をニュルブルクリンクで観戦

　1930年代には、トップレベルのモータースポーツはさらに高度な戦いとなっていった。アマチュアもプロも高速事故でドライバーが死亡するのは珍しいことではなく、モータースポーツは危険だと思われるようになっていた。1933年、イタリアのモンツァでは三人が同じコーナーで亡くなる事故が起きている。このため1934年からはレギュレーションが厳しくなり、スピードを落とすことを目的として、乾燥重量は750kg、最大車幅は850mmと定められた。しかし、これをきっかけに、ヨーロッパ中の大手自動車メーカーはモータースポーツに力を入れ始め、レーシングカーの開発に拍車がかかっていく。その結果、フランス、イタリア、ドイツでは、モータースポーツは国の威信を示す場とみなされるようになった。こうしたなか、1933年1月にヒトラー内閣が誕生したドイツでは、強いドイツを他の国々に見せつけようと、自国の自動車メーカーに補助金を出してグランプリレースに力を入れさせた。

　1934年に始まった750kgの規定（フォーミュラ）は、その後フォーミュラ1と呼ばれ、現在に至る最高峰のレースのカテゴリーに発展していく第一歩になった。この頃になると、かつてのようにプロとアマチュアのレーサーが交流をもつシーンはなくなり、大会はまったく別に行なわれるようになった。そして、プロが使用するマシーンはますます洗練され、毎年進化していった。イシゴニスやダウソンのように熱心なクルマ好きは、プロが使用するマシーンがどのように進化し、どのような結果を残すのかを実際に自分の目で見たいと思うようになっていた。

　そして実際、イシゴニスとダウソンは1935年に、ダウソンが所有する3リッターのベントレーに乗って、ヨーロッパで行なわれたいくつかのモータースポーツイベントの観戦旅行に出かけている。この頃、ライトウェイト・スペシャルをつくり始めてからまだ一年が経過したばかりだったので、二人はプロが走らせるレーシングカーを実際に自分たちの目で見て、自作モデルのために何か有益なヒントを得たいと思っていたのだ。まず、7月28日にニュルブルクリンクで開催されたグランプリを観戦している。1934年に新たなレギュレーションが採用されてから2シーズン目にあたるこの年、メルセデスとアウトウニオンのドイツ勢はそれぞれ、どのカテゴ

第1章 「ミニ」までの道のり

リーのモータースポーツイベントでも有利にレースを展開していた。しかし、このドイツGPで勝ったのは、マシーンの性能はずっと劣るアルファロメオP3で、そのドライバーを務めていたのはタツィオ・ヌヴォラーリだった。この日のヌヴォラーリは、彼のドライバー人生のなかでも最高のパフォーマンスを披露し、素晴らしいレースを展開している。一方、最終ラップまでトップだったフォン・ブラウヒッチュが駆るメルセデスW25は、後輪タイヤがバーストしたことが原因で、ゴールを目前に勝利を逃した。

　当時のドイツグランプリの走行距離は14.17mile（約22.80km）だったが、サーキットを走行するのはわずかな距離であり、"アイフェル"と呼ばれる比較的標高の低い山地を駆け抜ける距離の方が、ずっと長かった。イシゴニスとダウスンは小雨の降りしきるなか、観客席からではなく、大勢の人たちに混じって道路脇から観戦したと思われる。それでも、ドイツのメルセデスとアウトウニオンの最先端技術のマシーンを自分たちの目でじかに見ることができた。また、ドイツ人の観客たちが各レースの開始前に毎回ナチス式の敬礼をしている姿を見て、二人は衝撃を受け、イギリスに帰国後には友人たちにこの話をしている。

　ヌヴォラーリが逆転勝利を収め、劇的な結末となったドイツGPを観戦した後、次にイシゴニスとダウスンはオーストリアの最高峰のグロースグロックナー山（標高3,797m）で開催されたレースを観戦に出かけた。ちょうどニュルブルクリンクでGPレースが行なわれた数日後の1935年8月3日に、オーストリアとイタリアを結

ライトウェイト・スペシャルに影響を与えたメルセデスベンツW25。1935年、イシゴニスとダウスンは観戦旅行に出かけ、ニュルブルクリンクで行なわれたドイツGPなどのレースで、このW25の走りを見ている。

ぶグロースグロックナー・アルプス山岳道路が公式に開通したばかりだった。イシゴニスとダウスンが観戦したグロースグロックナー山岳レースは、公式開通の翌日にこの山岳道路の12mile（約19km）を使って行なわれている。急斜面かつ迷路のような山道を3,000feet（約2,440m）近くまで登るこのレースでも、メルセデスがひときわ優れた性能を見せていた（アウトウニオンはエントリーしていたものの、出走しなかった）。しかし、この厳しい条件のレースでは、最終的にはマシーンの性能よりもドライバーの技術と経験が勝敗を決定した。優勝したのは、フェラーリチームでアルファロメオを駆ったマリオ・タディーニで、またイギリスのERAのディック・シーマンも大健闘して2位に入賞した。

　イシゴニスとダウスンは幸運にも、この年に行なわれた素晴らしいモータースポーツイベントをいくつか現地を訪ね、観戦できたのである。ニュルブルクリンクでヌヴォラーリが勝利したあの素晴らしいレースを見たことは生涯忘れられない思い出になっていると、晩年にイシゴニスは数人のジャーナリストに語っている。また、グロースグロックナー山岳レースでは、パドックに行って最新のレーシングカーをすぐ目の前で見ることもできた。イシゴニスとダウスンは、この観戦旅行で大いに刺激を受けた。メルセデスW25の美しいボディラインが、ライトウェイト・スペシャルに反映されているのは間違いない。

1935年、イシゴニスとダウスンはドイツGPを観戦した後、オーストリアのグロースグロックナー山で開催された山岳レースを観戦。この写真はその3年後の1938年の同大会で、険しい坂道を走っているのはアウトウニオン。イシゴニスは1935年にこのように素晴らしい景色のなか、最新のレーシングカーを間近で見た。

ライトウェイト・スペシャルの完成

　イシゴニスは 1936 年に 2 年間勤めたコベントリーのハンバー社から、オックスフォード郊外のモーリス・モーターズ社へ転職した。これに伴い、コベントリー近郊のケニルワースの戸建からオックスフォード郊外の共同住宅に引っ越すことになった。新たな住まいには、つくり始めてから 2 年半が経過していたライトウェイト・スペシャルの作業を行なうスペースはなかったので、その後はジョージ・ダウスンの実家でこのレーシングカーをつくることになった。イシゴニスはケニルワースの家のガレージの壁に描いたライトウェイト・スペシャルの完成図を残したまま、この家を去った。後にこの家に移り住んだ人は、ガレージの壁に描かれていたものがいったい何で、どれほどの価値を持つものなのかを知る由もなく、壁を塗り直してしまった。

　ライトウェイト・スペシャルはイシゴニスが初めてゼロからつくったクルマであるが、そのアイディアは、所有する 2 台のオースティン・セブンにこれまで行なってきた改良と改造の実験から培われたものだった。これまでの経験から得た知識をさらに発展させて、軽量かつ効率的で美しいライトウェイト・スペシャルを完成させたのだ。このクルマの使命はヒルクライムの 750cc クラスで勝利することだったので、軽量であることが最も重要だった。軽量化を実現できた大きな要因は、当時一般的だった車台（シャシー）ではなく、表面をアルミで仕上げたモノコックボディを採用したところにある。これは当時はまだ、おもに飛行機に使われていた技術であった。こうして軽量でありながら、その構造には十分な強度が備わっていたので、優れたトラクションとロードホールディングを発揮できるクルマをつくることができた。この時代には、モノコックボディのクルマはすでに存在していたが、ライトウェイト・スペシャルもそうした先駆けの 1 台になったのだ。

　また、サスペンションもこのクルマの大きな特徴になっている。当時はリーフスプリングとコイルスプリングが一般的であったが、ライトウェイト・スペシャルにはラバーをスプリングとして使っている。さらに、当時としては珍しく、フロントとリヤの両方に独立懸架式サスペンションを採用している。

　エンジンについては、当初はオースティン・セブン・スポーツのエンジンを載せ替え

る他に選択肢はないと考えていた。しかし、イシゴニスはオースティン・セブンのレース仕様エンジンの設計を担当するマレー・ジェイミスンに頼んで、オースティンが廃棄しようとしていたスーパーチャージャー付きのサイドバルブ式のレーシングユニットを手に入れることができた。ジェイミスンはイシゴニスがハンバーに勤務していた頃からの知り合いで、イシゴニスが手がけたオースティン・セブンのフロントサスペンションの改良に感銘を受けていた。この当時、イシゴニスはオースティンのライバルのモーリスに勤務していたにも関わらず、ジェイミスンは特に躊躇することなく、古くなったエンジンをイシゴニスに提供してくれたのだ。

ライトウェイト・スペシャルは独創性あふれるエンジニアリングのみならず、見た目も美しかった。電動工具ではなく手動で作業を行なっていたにも関わらず、細部まで美しく仕上がっていた。シートにはレザーが張られ、エレガントな曲線のアルミニウムパネルは、軽量化とコスト節約のためにペイントは施されていない。ステアリングホイールはヴィッカーズ製のバネ鋼の一枚板を円形に切り出して半年かけて手作業でつくられ、仕上げは馬具職人の手で革張りされた。

こうしてすべてが手作業でつくられ、着想から5年の歳月を費やしたライトウェイト・スペシャルが、ついに完成した。ライトウェイト・スペシャルは1938年に初めてレースにエントリーしているが、このデビュー戦でハンドルを握ったダウスンはクラッシュしてしまう。だが、1938年の終わり頃にイングランド南西部のプレスコット・ヒルクライムに参戦した時には、オースティンがエントリーさせていたクルマよりも良

イシゴニスが親友のジョージ・ダウスンと手作業でつくり上げた「ライトウェイト・スペシャル」。1939年、プレスコット・ヒルクライム(グロスターシャー)でダウスンの出走前にアドバイスするイシゴニス。

第1章 「ミニ」までの道のり

戦後の1946年に再びレースに出場し、自作のレーシングカー「ライトウェイト・スペシャル」を駆るイシゴニス。戦後は、モーリスのグループ内で試作された、新たな748cc／4気筒エンジンを搭載して参戦したという。

い成績を収めることができ、イシゴニスとダウソンは喜んだ。その理由は、このオースティンにはライトウェイト・スペシャルと同じエンジンが搭載されていたからだ。また、1939年にシェルズリー・ウォルシュで行なわれたヒルクライムでも、ライトウェイト・スペシャルは750ccと1100ccの両方のクラスで優勝している。だが、この1939年は第二次世界大戦が始まった年であり、まもなくモータースポーツは禁止されてしまう。しかし、戦後再びイシゴニスとダウソンはアマチュアレーサーとして活躍し、1948年までこの自作のレーシングカー、ライトウェイト・スペシャルを走らせたのである。

5　業界大手のモーリスへ

モーリス・モーターズ

　前セクション後半の「ライトウェイト・スペシャルの完成」で書いたように、ハンバー社で働き始めて2年後の1936年、イシゴニスはオックスフォード郊外に本拠地を置くモーリス・モーターズ社の設計部門に転職する。イシゴニスをモーリスに誘ったのは、チーフエンジニアのロバート・ボイルであったが、彼とはイシゴニスがジレット社で働いていた時に知り合いになっていた。

　イシゴニスは自分で所有するクルマの改良を重ねていくうちに、「クルマとい

49

うものはすべてが密接に繋がっており、ひとつの分野を学んだだけでは1台のクルマは設計できない」と考えるようになっていた。将来、クルマ1台の設計をすべて自分で行ないたいと思っていたイシゴニスにとって、モーリスの設計部門で仕事をすることは、夢の実現への一歩だったのである。というのも、モーリスは1920年代から1930年代にかけて、イギリス2大自動車メーカーのひとつだったからだ（もうひとつの大手はオースティン・モーター・カンパニー）。しかし、ハンバー時代と同様に、モーリスに入社した時点では、イシゴニスはまだ製図工だった。

ジャック・ダニエルズとの出会い

　イシゴニスと同じ頃にモーリスの一員になった人物がもう一人いた。ジャック・ダニエルズといい、1912年にオックスフォードに生まれ、イシゴニスより6歳年下だった。ダニエルズはMGカー・カンパニーで見習い工として仕事を始め、その後MGの設計部門の一員となった。MGは当初、モーリス創業者のウィリアム・モーリスが個人的に所有する会社であったが、1935年に経営の合理化のためにMGはモーリス・モーターズの傘下に入ることになり、ダニエルズはモーリスの設計部門に異動になった。

　当初、イシゴニスはサスペンションの開発チームに、ダニエルズはシャシーの開発チームに入って別々に仕事をしていた。しかし、1937年にチーフエンジニアのロバート・ボイルがモーリスを去り、ウーズレーにいたヴィック・オークが新たにチーフエンジニアに就任すると、設計部門では新たなチームづくりが始まった。オークは熱心に仕事に取り組んでいるイシゴニスにすぐに目を留めた。イシゴニスには才能と同時に素晴らしい創造力があるとオークは見抜いたが、その創造力を最大限に活かすためには、その能力が横道にそれることがないよう、現実的に物事を考える人物からのサポートが必要だと直感したのだろう。そこでオークは、イシゴニスをジャック・ダニエルズとペアを組ませて仕事をさせることにした。ダニエルズは堅実で、またエンジニアとして実践での経験も豊富だった。後にイシゴニスは、「ヴィック・オークは自動車の設計についての私の考え方に賛同してく

れました。彼は私を設計部門の人たちとは別の場所で仕事をさせ、私の仕事に干渉したり管理したりしようとはしませんでしたね」とオークについて語っている。だが、実際はオークの思惑どおりで、管理されていると気がつかないほどうまい方法で、イシゴニスはオークに管理されていたといえる。

　イシゴニスとダニエルズはまだ互いをあまり知らなかったが、ダニエルズはオークの提案を受け入れ、イシゴニスと一緒に仕事をしてみようと思った。後にダニエルズは、イシゴニスについてこう述べている。「イシゴニスは良いアイディアを思いつく人で、またそのアイディアを実現させようと周囲の人々に思わせることができる人でした。上司を説得して何か新しいことに挑戦するのはいつでも困難を伴いますが、イシゴニスには、これができたのです」

　適切な人たちを自分の味方につけ、頭の固い上司や交渉相手を説得して革新的なことを成し遂げる、イシゴニスはこれができる人だった。ダニエルズは、イシゴニスの数ある長所のひとつに早い時期から気がついていたといえる。こうしてイシゴニスとダニエルズという、これから長く一緒に仕事をすることになる二人が、初めてコンビを組むことになった。

　イシゴニスとダニエルズには共同のオフィスが与えられ、二人はカウリーの設計部門の中心的存在になった。また、三人の優秀なメカニックも彼らと一緒に仕事をした。メカニックたちの役割は、ワークショップ（作業場）に持ち込まれたイシゴニスとダニエルズが設計した構想を実際にやってみる実験的作業だった。イシゴニスとダニエルズは互いを専門家として尊敬し、友人関係というよりも仕事において素晴らしい関係を築いた。

　ここで忘れてはならないのが、イシゴニスの上司ヴィック・オークの功績である。オークはイシゴニスが天才的ひらめきを持つ若者だと気づいただけでなく、その潜在能力を最大限に活かすためにはうまく管理することが必要だという点も認識していた。オークはイギリス自動車業界の歴史上もっとも成功したコンビをつくった人物だといえる。このコンビの仕事はやがて、戦後のモーリス・マイナー、そしてミニの誕生へとつながっていくからだ。

　イシゴニスとダニエルズの仕事の進行パターンはすぐに決まった。まず、イシゴ

ニスが基本となるアイディアをスケッチに描く。次にダニエルズが計算と正式な図面を起こすという順序だった。このコンビの代表者はイシゴニスだったが、二人の仕事が始まった時、設計という仕事に対してより多くの経験があったのはダニエルズの方だった。ダニエルズはMGで優秀なエンジニアたちとともに設計の仕事を6年間経験していたが、イシゴニスがハンバーの設計部門に在籍していたのは、わずか2年間だったのである。

モーリスでの戦前の仕事とスケッチブック

　イシゴニスとダニエルズが最初に担当したのは、新型モーリス10シリーズM（中型サルーン）向けのコイルスプリングおよびウィッシュボーン式独立懸架フロントサスペンションとラックアンドピニオン式ステアリングの設計だった。1938年の発表に向けて開発されたこのクルマは、モノコックボディを採用した最初のモーリスになる。このサスペンションとステアリングの開発は成功したものの、最終的にモーリス10への採用は見送られた。しかし、同時期にMGが開発していたYタイプに採用され（戦争によりデビューは1947年となる）、その後、MGのスポーツカーのTDミジェットとMGA、さらにその基本部分はMGBにも使われて、1980年まで長期にわたって用いられた。イシゴニスは1938年にモーリスの製品ラインナップを担当

1938年、32歳のアレック・イシゴニス。モーリスに転職してから2年が経ち、頭角を現し始める。

するプロジェクト・エンジニアという役職に昇進している。

　ところで、イシゴニスが自身のアイディアを描いたスケッチブックを保管するようになるのは、この時期からであった。最初の一冊には、1938年と記されている。イシゴニスは、アークライト社製の"トレーシングパッド"を好んでスケッチブックとして使っていた。これは100枚のトレーシングペーパーが茶色の表紙と、裏表紙となる厚紙の間に接着されてひと綴りになっている。イシゴニスは新しいスケッチブックを使い始めるたびに表紙に年号を書き、1957年までのスケッチブックを手元に残している。

オースティンとモーリス

　イシゴニスが転職したモーリスは、前述のように当時のイギリスの自動車業界における2強のひとつであり、最大のライバルはオースティンだった。この2社は、第二次世界大戦後には合併という道を進むことになるが、ここでオースティンとモーリスの戦前までの歩みについて、簡単に触れておきたい。

　オースティンの創業者、ハーバート・オースティン（1866 – 1941）は若い頃に自動車業界に入り、すでに1880年代には試作車を何台もつくっていた。そして1905年にバーミンガム近郊のロングブリッジにオースティン・モーター・カンパニーを設立する。ロングブリッジはさまざまな設備が整った大規模工場であり、すべてのパーツはこの工場内で製造されていた。また、熟練のエンジニアたちが多数ここで働いていた。

　一方、ハーバート・オースティンよりも10年ほど後に生まれたモーリス創業者のウィリアム・モーリス（1877 – 1963）は、最初はオックスフォードの自宅の一角で自転車修理店を始め、その後、クルマの修理やアフターサービス、ハイヤーなどの業務を行なう自動車関連の事業を開始した。その後、1913年にウィリアム・モーリスは新たにWRMモーターズという会社を設立し（注：この会社の設立は1912年という説もある）、オックスフォード郊外のカウリーに自動車の組立工場を開設する。ところが翌1914年に、第一次世界大戦が始まり、工場の操業は停止された。戦後の1919年に民間車両の生産が可能になった時、ウィリアム・モーリスはモーリ

ス・モーターズという新たな会社名で、事業を再スタートさせる。「モーリス・オックスフォード」と「モーリス・カウリー」というふたつのモデルが、当時のモーリス・モーターズの主要製品だった。自動車産業への参入が遅かったモーリスは、オースティンのように自前でパーツをつくって自動車を製造する方式を採用している余裕はないと考え、サプライヤーに好条件を提示し、組み立てに集中する製造方法を採用して成功を収めた。

　イギリスは第一次世界大戦に勝利したにもかかわらず、戦時中にアメリカに巨額の債務を負ったことなど、大戦に関係するいくつかの要因によってイギリス経済をとりまく環境が大きく変化し、戦後は長期の不況に苦しんでいた。そのような状況下で、オースティンは大型車の「オースティン20」の製造を行なっていた。オースティン20（排気量3610cc）は技術的には良いクルマでありながら、不況に加え、1921年に馬力によって税額が決まる課税方式が採用されたことで、この大型モデルの販売は一向に伸びなかった。同年、ついにオースティンは経営危機に陥るが、11月にはオースティン20を小型化した「オースティン12」を販売し、ひとまず苦境を乗り切る。そして翌1922年、オースティンは生き残りをかけて、極めて重要な新型車を発表する。その名は「オースティン・セブン」。すでに書いたように、イシゴニスも20代の時に2台購入している、あの名車である。この小型車の成功により、オースティンは復興を遂げることができた。このクルマはイギリス自動車史においても重要なモデルといえる。なぜなら、オースティン・セブンは小型車として初の本格モデルであり、その後10年にわたってイギリスの小型車マーケットを支配したからだ。

　一方、モーリスは、サプライヤーやライバル会社が窮地に陥ると、その会社を合併していった。創業者のウィリアム・モーリスは、情に流されないタイプの有能な事業家だった。1928年、モーリスはオースティン・セブンの直接のライバルとなる「モーリス・マイナー」を市場に投入する（イシゴニスが後に手がけるモーリス・マイナーとは別のモデル）。そして価格競争が起こり、そのピークとなった1931年にモーリス・マイナーの2座のオープンカーは、史上初の価格100ポンドという低価格で販売されることになった。イシゴニスが過去に個人的に乗っていた1924年

購入のシンガーが 275 ポンド、1930 年購入のオースティン・セブン・スポーツが 270 ポンドであったことから、価格 100 ポンドのクルマがいかに低価格であったかがわかる。この低価格はよい宣伝になり、クルマを初めて買う人たちも増加した。しかし、モーリス・マイナーはオースティン・セブンのように万能なクルマではなかったこともあり、結局セブンの人気にはおよばなかった。

創業者のウィリアム・モーリスは、1929 年に国家の功労者に与えられる"騎士"の爵位を授かり、さらに 1934 年には"男爵"という貴族階級の位に叙せられ、"ナッフィールド卿"となる。ナッフィールド卿（ウィリアム・モーリス）は、事業に成功して莫大な富を手にしていたにもかかわらず、派手な生活は好まず、慈善活動にも熱心に取り組んだ。彼の寄付により、1937 年にはオックスフォード大学にナッフィールド・カレッジが創設される。さらに 1943 年に、ナッフィールド卿は医学と教育の研究を援助する目的で、ナッフィールド財団を設立する。そうした社会貢献が認められ、1938 年には"男爵"よりもさらに上の位の"子爵"に叙せられる。

吸収合併して拡大したナッフィールド卿のグループ会社は、1940 年には、"ナッフィールド・オーガニゼーション"と呼ばれる一大組織に成長していた。しかし、年を重ねるにつれて、ナッフィールド卿は側近の意見にあまり耳を貸さなくなり、自分の勘で仕事の判断を行なうようになっていく。

少し話はさかのぼるが、1920 年代を通して、ナッフィールド卿が仕事上で常に頼りにしていたのは、友人で後にモーリスの副会長になるレオナード・ロードであった。レオナード・ロードは短気ですぐに苛立つ性格だったので、同僚からは好感をもたれていなかった。しかし、生産エンジニアとしては優秀な人物で、ナッフィールド卿の工場をフォードと同じ手法で近代化することに成功している。また、1934 年に、モーリス・マイナーに代わる新型小型車のモーリス・エイトを誕生させたのも、レオナード・ロードの功績である。特に 1938 年にパワーのあるシリーズ E が登場すると、モーリス・エイトの販売は、小型車の分野で圧倒的な強さを見せていたオースティン・セブンをしのぐ勢いになった。

だが、レオナード・ロードは、その好結果を見る前の 1936 年末にモーリスを去っている。その理由は、ナッフィールド卿との衝突に嫌気が差したからだ。そし

て2年後の1938年、レオナード・ロードは、モーリスのライバルのオースティンで仕事を始める。

イシゴニスがハンバーからモーリスに転職したのは1936年であり、ちょうどレオナード・ロードがモーリスを去る少し前だった。実のところ、レオナード・ロードが行なった改革の結果、イシゴニスはモーリスに採用されたのである。レオナード・ロードは、1935年にグループ全体の設計とエンジニア部門をカウリーに集約化しており、その結果、新たなチームが組織され、新たな人材が必要になったのだった。

モーリス副会長の密かな計画

レオナード・ロードがモーリスを辞め、ライバルのオースティンで仕事を始めたことに傷ついたモーリス創業者のナッフィールド卿（ウィリアム・モーリス）であったが、1940年にウェールズ出身の43歳の部下、マイルズ・トマスを副会長に就任させている。かつてエンジニアだったトマスは、第一次世界大戦後にイギリス空軍を去った後、モータースポーツ・ジャーナリストに転身した。ナッフィールド卿は効果的な宣伝の必要性をよく理解していたので、モーリスの製品の宣伝担当としてマイルズ・トマスを勧誘したのだ。そして数年のうちに、ナッフィールド卿はトマスを管理職に昇進させていた。自動車業界の外から入ってきたトマスは、同僚とは異なる見方ができ、人柄もよく、リーダーシップを発揮することができた。

1939年に第二次世界大戦が始まり、再び民間用の自動車生産は完全に停止された。戦時下、マイルズ・トマスはナッフィールド・オーガニゼーションの国への協力活動をうまく推進し、その功績が認められて1942年に"騎士"の爵位を授かっていた。

ある日、トマスは空襲による火災を防止するために、カウリー工場の屋上で見張りをしていた。一緒にいたのは、チーフエンジニアのヴィック・オークとそのチームのメンバーだった。そして、そのなかにアレック・イシゴニスがいたのである。これが、副会長のトマスとイシゴニスの最初の出会いだったという。イシゴニスはこの時、これまでにない革新的な小型車を設計したいという熱い思いをトマス

に話した。

　マイルズ・トマスはイシゴニスの第一印象を「内気で控えめな若者でした」と、後に語っている。トマスはその後まもなく、あるプロジェクトにチーフエンジニアのオークを介して、その部下のイシゴニスを参画させることになる。それは、イシゴニスが望んでいた小型車の開発であった。

6　戦時の極秘計画"モスキート"

第二次世界大戦中に始まった開発

　エンジニアは兵役を免除される職業だったので、イシゴニスは招集されなかった。しかし、軍用車両を設計して国に貢献することが、イシゴニスの公の仕事となった。スケッチを描いて技術的なアイディアを伝えるというイシゴニスの仕事のやり方はよく知られているが、残されたスケッチのなかには、技術的な図案であるにもかかわらず、芸術性を感じる素晴らしいものが多数存在している。

　モーリス副会長のマイルズ・トマスは、軍用車両の生産責任者を務めていた。1940年10月に施行された法律により戦時中は民間車両の生産は禁止されていたが、トマスは戦後を見据えて新たなモデルレンジの開発に戦時中から取りかかる必要があると考えていた。新型車の開発には数年を要するからだ。そこでトマスはモーリスの役員会の承認を得て、1941年にコードネームで"モスキート"と呼ばれる新型小型車の開発を密かに開始する。モスキートは、小型、中型、大型の三つのファミリーモデルをつくるプロジェクトの一部だった。このコードネームは、第二次世界大戦でイギリス空軍が戦闘爆撃機として使用していたデ・ハビランド社の"モスキート"にちなんでつけられた。かつてイギリス空軍に所属していたトマスが、その名づけ親である。

　副会長のトマスとイシゴニスの上司のオークは、イシゴニスには新たな小型車をつくる能力があると確信していた。そして彼らは、"モスキート"の設計を実際に始めるようにとイシゴニスに指示していた。この新型車開発は秘密のプロジェクトであったため、イシゴニスはモスキートのアイディアを書き留める専用のスケッ

第二次世界大戦中、イシゴニスの公の仕事は軍事車両の設計。1944年には、開発した水陸両用車をイシゴニス自身がブレナム宮殿の湖でテストを行なう。

チブックを軍用車両の設計とは別に用意した。装甲車や水陸両用車の開発に取り組むかたわら、モスキートに関する仕事はオックスフォードの自宅で行なうことにし、平日の夜と週末に自宅のダイニングテーブルでアイディアを書き留めていた。イシゴニスのこの時期のスケッチは、1942年〜1944年と1945年〜1946年のふたつの期間に分けることができるが、その内容を見ると、1944年までに描かれたおよそ220点のスケッチのうち、約70点が軍用車両、約150点がモスキートに関係するものである。また、1945年〜1946年の期間にも、モスキートに関するスケッチが170点ほど描かれている。

　後にイシゴニスはこのプロジェクトについて、「ドアハンドルからグローブボックスを開けるための小さなノブまで、すべてを私が設計しました」と話している。これは確かにそうである。しかし、イシゴニスにはまだ決定権がなかったということをここで確認しておきたい。上司たちはイシゴニスの才能をかっていたが、モーリスの組織図では、イシゴニスにはまだ自由に設計を行なう裁量は与えられていなかった。イシゴニスの直属の上司はヴィック・オークであり、その上には技術部門の責任者のシドニー・V・スミスがいる。さらにスミスの上には副会長のマイルズ・トマス、そしてようやく組織図の頂点であるモーリス会長のナッフィールド卿にたどり着く。モスキート・プロジェクトは副会長のトマスの指揮のもと行なわれており、その指示が直接イシゴニスのところに届いていたわけではなく、ト

第 1 章 「ミニ」までの道のり

マスからの指示が書かれた社内文書はスミスとオークに届けられていた。つまり、完成したモスキートはイシゴニスだけの考えに基づいてつくられたわけではなかったのである。

　1942 年には、早くも 3 次元のスケールモデルがつくられている。つまり、イシゴニスはスケッチを開始して比較的早い時期に外観デザインを確定させていたことになる。続いて 1943 年には、モスキートの試作車のボディシェルが、実験部門のボディ担当により手作業でつくられている。

　開戦当初はドイツ優勢だった戦況は、その後連合国側（英米仏ソ連など）に好転していた。そして 1943 年末には、イギリス政府は自動車メーカーに、戦後に向けて新型車の設計と試作車の製造を開始してもよいと許可した。これまでイ

1940 年代初頭のモスキートのスケッチ。スプリットウィンドウとグリルはそのまま、試作車第 1 号の特徴となる。エンジンには新型フラット 4 が描かれている。フラット 4 は通常クランクシャフトに 3 個のベアリングを持つが、イシゴニスは小型に仕上げようと、ベアリング 2 個のフラット 4 の開発に取り組んでいた。実用化には至らなかったが、イシゴニスの革新性が窺える。

1944年につくられたモスキートの試作車第1号。ボディカラーはガンメタル・グレー。まだ第二次世界大戦中であったが、1943年末にイギリス政府は自動車メーカーに戦後モデルの開発を許可し、モスキートの開発は本格化する。試作車にはひとまず既存のサイドバルブエンジンを搭載。

　シゴニスが描きためていた何百点ものスケッチを基に、本格的に試作車をつくる設計図を起こし、ロードテストを実施できる時がついにやってきたのである。こうして年が明けて1944年が始まるとすぐに、走行可能な試作車第1号がつくられることになった。

少人数チームの結成

　プロジェクトが本格的に動き始めてイシゴニスの仕事量も増え、彼をサポートする少人数のチームがつくられた。戦争が始まった後、イシゴニスとダニエルズは別々に仕事をしていたが、ダニエルズはモスキートのチームの一員となり、駆動系、足回りなどの設計を担当し、再びイシゴニスと一緒に仕事をすることになった。また、ボディのスペシャリストのレジナルド・ジョブも、三人目のメンバーとしてチームに加わる。そしてイシゴニスのチームは、設計部門の人たちから離れ、別の場所で仕事をすることになった。さらに数名のメカニックもチームに加わり、"ワークショップ"と呼ばれる小さな作業場も与えられる。しかし、新型車の開発は、依然として秘密裏に進行していた。イシゴニスはこれまでにない新しいクル

マをチーム一丸となってつくりあげようと懸命に取り組み、彼のリーダーシップが他のメンバーたちに活力を与えていたという。そして、イシゴニス、ダニエルズ、ジョブの三人で、モスキートのボディ、サスペンション、エンジンといったすべての設計開発を行なっていった。

　クルマのすべての構造を少人数の1チームで手がけるのは、当時も一般的なやり方ではなかった。スペシャリスト集団によるいくつかのチームでクルマをつくるというのが、一般的なやり方である。イシゴニス自身もモーリスに入社した頃は、サスペンションを手がけるチームの一員だった。しかし、モスキートの開発は戦時中の秘密のプロジェクトであったうえに、モーリスは軍用車の設計と生産を通して国に貢献しなければならなかったため、このプロジェクトは少人数のチームで行なわざるを得なかった。しかし、この状況はイシゴニスにとっては好都合だった。それは、以前から望んでいたクルマ1台の設計のすべてに関わることができたからだ。またイシゴニスが才能を発揮することで、結果的にモーリスも恩恵が得られた。

　イシゴニスは定年退職後の1972年にジャーナリストのフィリップ・ターナーから取材を受け、一般的な新型車開発と彼の小さなチームのやり方を比較してこう語っている。「私たちは猛烈に働いたものでした。現在では私たちが行なったのとはまったく異なる方法でクルマをつくっています。今のやり方では、20人もの人がミーティングに集まって、ようやく物事を決定しています」

イシゴニス・チームの仕事の進め方

　チームの仕事の進め方は、まずイシゴニスがどんなものをつくりたいかをスケッチに描き、それをダニエルズとジョブが寸法の入った図面に起こすという方法をとっていた。イシゴニスのスケッチについてはこれまでいろいろな伝説が語られている。イシゴニスがその場にあったものにスケッチを描いたというのは本当ではあるが、それは急に思いついたアイディアを同僚に渡すような場合だった。タバコの箱や新聞に描いたスケッチをジャック・ダニエルズに渡したことはよくあったし、ワークショップ（作業場）のコンクリートの床にチョークでイラストを描いて要

点を説明するといったことも習慣的に行なわれていたという。しかし、イシゴニスのスケッチの多くは、好んで使っていたアークライト社製のトレーシングパッドに描かれており、今も保存されている。このスケッチを見ていくと、イシゴニスのアイディアがどのように発展していったかがわかる。このやり方について、イシゴニス本人も次のように語っている。「私のやり方は、スケッチを描いて他の技術者に渡し、彼らがそれを読み取って製図を起こすという、変わったやり方です」

ダニエルズとジョブの場合には、この手法は極めてうまくいった。イシゴニスのスケッチはバランスの点でも遠近法の点でも非常に優れていたので、経験豊富な二人にとっては正式な図面を起こすのは難しい仕事ではなかった。スケッチだけでは明確にならない点については、イシゴニスはいつでも快く説明したという。特にジャック・ダニエルズとは、他のだれとも築けないような高いレベルの信頼関係を築いていった。ダニエルズは当時を振り返ってこう話している。「イシゴニスは、私が取り組んでいるものについて、要点を説明してくれました。基本的にはすべてイシゴニスのアイディアでつくられ、私はイシゴニスのアイディアを読み解いて、実際に機能するものに変えていったのです」

この時点では、イシゴニスはまだ"設計の天才"として駆け出したばかりだったので、同僚との関係は、後年よりも友好的で柔軟性もあったようである。

イシゴニス本人がテストドライブ

1944年につくられたモスキートの試作車第1号は、フロントのベンチシートだけを備え、リヤシートやトランクリッドはまだ付いていなかった。最終的な装備にあわせた詳細な設計図を起こすためには、まず、あらゆる環境を想定して、この試作車第1号のテストを実施する必要があった。イシゴニスたちは新型のフラット4エンジンをモスキートに搭載するために開発していたが、まだ準備ができていなかったので、試作車にはモーリス・エイト・シリーズEに採用していた918ccのサイドバルブエンジンを搭載することになった。モスキート・プロジェクトに関わる人員は最小限にとどめなければならなかったので、試作車のテストドライブはイシゴニ

第1章 「ミニ」までの道のり

ス自身が行なう必要があった。しかし、テストドライブはイシゴニスの好きな仕事のひとつであり、後に述べるように彼の能力がいかんなく発揮されることになる。

　趣味のレースで培っていた経験が活き、イシゴニスはクルマの動きの微妙な違いをとらえることができた。また、試作車のテストは設計プロセスにおける重要な要素だと考えていた。ジャック・ダニエルズは後に、イシゴニスは普段乗り親しんでいないクルマに乗って瞬時に評価ができる人だったと、次のように語っている。ある日、イシゴニスとダニエルズは、レース仕様の特別なサスペンションを装備したラゴンダの性能を評価しようと一緒に出かけた。ところがこのラゴンダは非常に運転しにくく、乗り心地も良くなかったので、ダニエルズはすぐに気分が悪くなり、クルマの評価ができるような状態ではなくなってしまった。しかし、イシゴニスはラゴンダの問題点を見事に突き止めることができたという。

　「イシゴニスは自分の行なっていることがちゃんとわかっていて、このラゴンダに何が必要かを指摘することができました。もちろん私よりずっとよくわかっていましたよ。どこか悪いところがあることは私にもわかりましたが、それが何なのかはわかりませんでした。でも、イシゴニスにはその答えがわかっていたのです。彼はクルマの評価にとても鋭い感覚を持っていましたね」

　イシゴニスは1944年の終わり頃には、モスキートの第1号の試作車でカウリーから北ウェールズまでの長距離テストドライブを実施している。この時のメモによると、街中を走った時には、道ゆく人々から大いに注目を浴び、運転していて気恥ずかしくなるほどであったという。また、若者に限らず、幅広い年齢層の人たちがモスキートに関心を持ち、近づいてじっくり眺めた人たちは、この試作車のほぼすべてを好意的に受け止めたようだ、とイシゴニスは書いているが、戦時中は一般車両の使用が制限されており、またガソリンの入手も難しかったことを考えれば、大勢の人たちがこの新型のテスト車に注目したのは特に驚くことではなかったかもしれない。

　イシゴニスはモスキートを2シーターにすべきだと考えていたが、副会長のトマスは試作車のテスト結果を見て、4シーターのサルーンとして開発を進めると決定

モスキートの試作車をイシゴニス自らがテストドライブ（1946年10月）。ヘッドランプはグリル内部に一体型としてデザインされている。

する。そして次に、第1号の試作車よりもやや大型のモックアップがつくられることになった。トマスはこのモックアップに、取り替え可能なボディパネルを取り付けるよう指示している。最終スペックを決定する前に、モックアップと第1号の試作車を、将来見込み客になると思われる人たちに披露して感想を聞こうと考えたのだ。見込み客たちからは、当時のクルマとしてはボンネットが短く、小型車としては車内スペースが広い点が特に好評だった。この内見会の後、1945年4月までにボディのデザインは最終決定されている。次のステップとして、新たに6台の試作車がつくられることになった。

"モスキート"とはどんなクルマか

イシゴニスは新しいタイプのクルマをつくろうとこのプロジェクトに臨んだが、モスキートは当時のイギリス車にどのような新しさをもたらしたのかを検証してみたい。といっても、モスキートにはそれまでまったく知られていない革新的なアイディアばかりが採用されていたわけではない。イシゴニスという人は、彼のキャ

リアのどの時代についてもいえることだが、既存の技術を異なる要素と組み合わせて新たなものを創造することで、優れた能力を発揮した人であった。1930年代後半にイシゴニスが特に研究したクルマは、フィアット 500 トッポリーノ、シトロエン・トラクシオン・アヴァン、オーストリアのシュタイアだったという。イシゴニスは、フロントエンジン、フロント独立懸架サスペンション、ラックアンドピニオン式のステアリング、軽量ボディ、モノコックといった技術に関心を持ち、モスキートはこうした当時の最新技術がすべて取り入れられた、イギリスで最初の大衆車になった。ちなみに、モスキートには前輪駆動は採用していないが、もしあの時点で前輪駆動に挑戦していたとしても、うまく機能させる方法をおそらく見つけられなかっただろうと、後にイシゴニスは語っている。

　前述のように、モスキートにはモノコックボディが採用されている。モーリスではモノコックボディはすでにモーリス 10 に使っており、モスキートが最初ではなかった。ステアリングにはラックアンドピニオン式が開発された。すでにで書いたように、かつてイシゴニスはモーリス 10 向けにラックアンドピニオン式のステアリングの開発に成功したが、その時はこの機構の導入は見送られた。だが、モスキートではこれが取り入れられ、イギリスの量産車としてラックアンドピニオン式が装備された最初のモデルとなる。

　サスペンションは、これまで述べてきたようにイシゴニスの専門分野である。独立懸架サスペンションの導入が遅れていたイギリス自動車業界にあって、モスキートに独立懸架が採用されるまでには、次に紹介する人物が重要な役割を担っていた。当時イギリスには、モーリス・オリーというサスペンションの大家がいた。オリーはアメリカのデトロイトで GM に勤務してサスペンションの開発に携わっていたが、1937 年にイギリスに戻り、GM 傘下のヴォクスホールで働いていた。イシゴニスは、ロードホールディングを向上させるためのさまざまな方法をオリーと語り合ったことがあった。そのオリーの思想を取り入れ、モスキートのサスペンションはフロントをリヤよりも柔らかく設定している。イシゴニスはまた、エンジンを一般的な搭載位置よりも前側に搭載し、バランスとスタビリティの向上を図っている。

　もうひとつの大きな革新は、フロントにトーションバー・サスペンションをイギリス

の量産車として初採用したことだった。このトーションバーによって負荷を構造体に逃し、フロントエンドに特別な強度がかかるのを防いだ。この開発にはジャック・ダニエルズも貢献しており、以前ダニエルズが軍用車両の開発を行なっていた時の経験が活かされた。イシゴニスはリヤにも複雑なトーションバーおよびトルクチューブ式サスペンション（リジッドアクスル・サスペンションの一種）を開発し、第1号車の試作車に取り付けて実験を行なっている。しかし、この実験結果は高い評価を得たものの、コストが高いことが障害となって最終的に採用は見送られ、リヤには当時一般的だったリーフスプリングのリジッドアクスル・サスペンションを使うことになった。この決定は副会長のトマスが行なったものだった。もしイシゴニスがこのプロジェクトの最終決定権を持っていたら、異なる決定をしていたであろう。

　設計が始まった時点から、イシゴニスはエンジニアリングだけでなく、パッケージングにもこだわった。小型車だからといって、窮屈な室内空間になるべきではないというのが、イシゴニスの重視していた設計思想のひとつだった。効率的な室内空間が実現できたのは、エンジンの搭載位置によるところが大きい。前述のように、フロントエンジンを一般的な搭載位置よりも前側に配置しているが、これによってボンネットを短くできたからだ。

　14inchのタイヤとホイールも、モスキートの持つ革新的要素である。タイヤは四隅になくてはならないという、生涯こだわり続けた哲学がこの時すでに実行されている（これは、シトロエンが初めて採り入れた考え方だった）。14inchのホイールは、当時の最小サイズであり、それ以前はモーリス・エイトの17inchがいちばん小型なタイヤだった。14inchのホイールとタイヤは、モスキートの試作車のためにダンロップで特別に製造されたのである。小型ホイールはスタイリッシュなだけでなく、重心を下げ、バネ下重量を減らすことができたので、ロードホールディングが向上して安定感のある快適な乗り心地を実現した。また、室内スペースを増やすことにも貢献している。

　すでに書いたように、スタイリングは早い時期に確立しており、このことは1942年につくられたスケールモデルを見るとわかる。イシゴニスはスタイリングも

重視し、美しいラインのクルマをつくりあげたいと考えていた。スケッチには、当時のアメリカ車の流線型のスタイリングの影響が見られる。ボディの下側のラインは地面と極めて水平で、またフェンダーとドアは一体型になっている（69 頁の写真参照）。さらに、当時のクルマに一般的に取り付けられていた乗降用のステップボードはなくした。当時の写真を見ると、モーリスの実験部門はポンティアックとシボレーを 1 台ずつ所有しており、イシゴニスはこの 2 台のスタイリングや基本的な構造を研究していたと思われる。スケッチブックには、数種類のラジエターグリルのデザインが描かれている。最終的にヘッドランプとグリルの一体型デザインを採用しようと決定しているが、これはヘッドランプがグリルに組み込まれた最初のデザインだとイシゴニスはスケッチに書き込んでいる（ただしデビュー後、アメリカの法規に適合させるためにヘッドランプの位置は変更され、グリルと一体型ではなくなる）。

こうして、直立的で箱型を特徴とする戦前のイギリス車とはまったく対照的なスタイルが完成した。同時に、小型ファミリーカーでありながら、これまでにない広さの室内スペースとロードホールディングを持つクルマをつくるというイシゴニスの目標も、見事に達成されたのである。

モーリス創業者の猛反対

第二次世界大戦が終了し、1945 年の終わりにはイギリスの自動車メーカーは民間車両の生産再開が可能になる。そして、新型車の準備が整うまでの期間は、戦前モデルの生産が行なわれ、モーリス・エイトのシリーズ E が生産ラインに戻っていた。一方、モスキートの開発もスピードアップしていた。前述のように、6 台の試作車がつくられた後、ボディ担当のレジナルド・ジョブは量産に向けてボディの製図を開始していた。そして、新型車の発表はこの時点では、1947 年末を予定していた。

さて、ここでモーリスの創業者で会長のナッフィールド卿が再び登場する。ナッフィールド卿は、モスキートを見た瞬間に嫌った。このクルマの流線型のスタイリングは「まるでポーチドエッグ（落とし卵）みたいだ」と言って、嫌悪感をあらわに

したのだ。さらに副会長のマイルズ・トマスに向かって、「モーリス・エイトは大好評なのに、このように変わったクルマをデビューさせる必要があるのか」と言い、モスキートの導入に反対したのである。トマスはモーリス・エイトの受注が多いのは、戦争が終わったばかりで需要が供給を大きく上回っているからだと、辛抱強くナッフィールド卿に説明した。しかし、ナッフィールド卿はトマスの説明には耳を貸さず、モーリス・エイトの外観をフェイスリフトし、モスキートのサスペンションを採用して新型としてデビューさせればよいではないかと言い張った。チーフエンジニアのヴィック・オークは立場上、ナッフィールド卿の案が実行可能かを検討することになり、フェイスリフトモデルの試作車の製造を部下に指示する。しかし、工作機械の据え付けコストが非常に高くなると判明し、フェイスリフトのモーリス・エイトをナッフィールド卿が希望する1949年春に販売開始することも不可能であると判断した。ところでちょうどこの頃、ライバルのオースティンでは、かつてモーリスに在籍していたレオナード・ロードのリーダーシップのもと、中型サルーンの新型オースティンA40を1947年に導入し、販売を開始しようと着々と準備が進められていた。

　こうして副会長のトマスと会長のナッフィールド卿との間では、モスキートの導入を巡って議論が続いていた。この間、イシゴニスは最終試作車のプロポーションを考察していた。ある日、ワークショップ（作業場）に戻ったイシゴニスは、ボディシェルを縦に半分に切るようにとメカニックに指示する。そして切ったボディシェルを左右に動かして検討を重ねた結果、車幅を4inch（約10cm）広げることを考案する。イシゴニスはこのシンプルな方法で、会社のトップの反対という障害をデザイン改善の機会に変えたのである。車幅を広げることで、スタビリティが向上し、同時にハンドリングも改善される。また、熱心に取り組んでいた室内スペースもさらに広げることができた。戦前につくられた狭いクルマとの違いが際立ち、モスキートは一段とモダンなクルマになったのである。その結果、同時代の多くのモデルに比べて、モスキートは年が経っても販売台数を大きく落とすことなく、ロングセラーとなって生産ラインに残ることが可能になった。

　1947年の後半に幅が広がったモスキートを見たマイルズ・トマスは、ナッフィール

第 1 章 「ミニ」までの道のり

ド卿にこれ以上モスキート導入を反対させてはならないと決意を固めた。導入を遅らせる理由を与えないために、トマスは新型フラット4エンジンの開発を中止させ、試作車と同じように、モーリス・エイトに搭載していた既存の918ccのサイドバルブエンジンを採用することにした。エンジンを変更しても調整の必要はほとんどなかったので、シャシー担当のジャック・ダニエルズの仕事には問題は生じなかったが、ボディ担当のレジナルド・ジョブはボディシェルを4inch（約10cm）拡大する作業に追われた。ボディの工作機械の据え付けはほぼ完了していたので、クルマの中央に平らな部分をつくり、そこに幅4inchのスティールを繋ぎ、フロアパンにも同幅の金属片を追加するという方法で対処した。この方法ならば、全体的な変更は必要なかったからだ。だがひとつ、どうにもならない箇所があった。それはバンパーである。この段階でフロントとリヤのバンパーを拡大するには、切って金属で繋ぐしか方法はなかった。しかし、この繋ぎ目は意図せずして、この新型車の初期の特徴となる。

モスキートの最終スペックが決定するとすぐに、トマスはナッフィールド卿のとこ

1948年秋にデビューしたモーリス・マイナー。最終設計で車幅を約10cm拡大したことが、フロントバンパーの中央（ナンバープレートの上）とボンネットの中央を見ると確認できる。

69

ろへ行き、モーリス・エイトの生産終了日を決定しなければならないと提案した。モスキートを実験室から出し、生産ラインにのせることが、トマスのナッフィールド・オーガニゼーションでの最後の仕事になった。前任のレオナード・ロードと同様に、トマスもナッフィールド卿と戦うことに疲れたのである。マイルズ・トマスは1947年末にモーリスを去り、2年後に英国海外航空（ブリティッシュ・エアウェイズの前身）で、あらたな挑戦を始めた。

7　デビュー作「モーリス・マイナー」の誕生

戦後初のロンドン・モーターショーで発表

　マイルズ・トマスの後任として新副会長にレジナルド・ハンクスが就任し、この新型車プロジェクトの完遂に向けて指揮をとった。1947年12月、モーリスの新しいラインナップのなかで最小モデルとなるコードネーム"モスキート"は、戦前の小型車「モーリス・マイナー」の名を引き継ぐと決定された。"モスキート"、つまり新型「モーリス・マイナー」の導入を強く反対したナッフィールド卿は、広報写真の撮影のためにこの新型車を運転してほしいと頼まれてもそれを拒み、モーリス・マイナーに対して相変わらず否定的な気持ちを持ち続けていた。モーリス・マイナーと同時に、モーリス・オックスフォード、モーリス・シックス、ウーズレー 4/50 と 6/80 の発表も並行して準備された。どれも、モーリス・マイナーとよく似たデザインに仕上げられていた。

　10年ぶりに開催されるロンドン・モーターショーが間近に迫っていた。このモーターショーは"戦後の新型車"を発表する最高の舞台となり、1948年10月27日から11月6日までロンドンのアールズコートで開催された。50万人を超える人たちがこのショーに訪れ、それまで25万人に届かなかった来場者記録を大きく塗り替えていることからも、当時の人たちが"戦後の新型車"の登場を待ち望んでいたことがわかる。このショーでは、ジャガー XK120、ブリストル 401 がスポーツカーとして登場し、特に注目されたという。また初期のランドローバー（7座のステーションワゴン）も発表されている。ファミリーカーでは、ヒルマン・ミンクス、

第1章　「ミニ」までの道のり

オースティン A70 ハンプシャー、ヴォクスホールのヴェロックスとワイバーンも出品されていた。

　モーリスの163番スタンドは、ロールスロイスとヴォクスホールの間にあった。新型車モーリス・マイナーについてのモーリス社内の議論は終結していたが、予定よりも生産に遅れが生じていたため、新型車の詳細をモーターショーの開催前に公表することはできなかった。しかし、モーリスの新型車への期待と興奮は、かえって高まっていた。イギリスの『モータースポーツ』誌は、モーターショーの直前に次のように予告している。

　"モーリスの1949年モデルのラインナップは、まだ明らかにされていないが、これまでモーリス・エイトに採用されていた4気筒のサイドバルブエンジンを搭載する、エアロダイナミックな新型小型車のデビューが予想されている。大型モデルも同時に発表され、そのうちのひとつはモーリス・オックスフォードというモデル名になる見込みである。ぜひ会場にでかけ、直接確かめることをお勧めしたい"

　ほとんどのメーカーは、大型モデルを目玉として展示していた。当時、税金における小型車のメリットがなくなっていたことが、その理由として挙げられる。1921年以降、イギリスではクルマの税金は馬力で決定されていたが、このモーターショーが開催された1948年の年初に、税額は馬力とは無関係になり、大型車も小型車も同じ税額に変更されていた。また、大型車はアメリカをはじめとする海外市場で常に人気があり、モーリスも大型の「モーリス・オックスフォード MO」を目立つように展示していた。しかし、ショーが始まると、ジャーナリストや一般の来場者から大きな注目を浴びたのは、小型車のモーリス・マイナー（サルーンと2ドアのコンバーチブル）だったのである。アメリカ車の影響を受けたモダンなモーリス・マイナーのスタイリングに、来場者は魅了された。戦後、質素な生活を送っていたイギリス人の目には、このクルマは斬新に見えたのだ。また、モーリス・マイナーに試乗したジャーナリストたちは、素晴らしいハンドリングと革新的なサスペンション、室内のスペース効率の良さなどを絶賛した。

　『オートカー』誌は、"素晴らしいスタイリングの勝利"と高く評価している。また『モーター』誌も、"記録的な来場者数となったアールズコートのモーターショー

でもっとも人気を集めたクルマは、新型モーリス・マイナーだと多くの人が思ったであろう。モーリス・マイナーはドライバーと乗員の両者にとって魅力的なクルマである。イギリスでも海外でも、モーリス・マイナーは大勢の人たちのお気に入りになるにちがいない。これまでの低価格車には、こういうクルマはなかった"と称賛している。

モーリス・マイナーのデビューは成功し、アレック・イシゴニスがイギリス自動車業界の優れたエンジニアとして、世界的名声を確立していく大きな第一歩となった。

輸出優先時代のモーリス・マイナー

その後数年間、ライバルも大健闘したが、見た目、またはエンジニアリングのどちらかで、モーリス・マイナーに匹敵する存在とはなり得なかった。モーリス・マイナーには、オースティン・セブンや戦前のモーリス・マイナーなど、それまでの小型車とは異なる独自の魅力が備わっていた。新型モーリス・マイナーは、他のクルマを買えないからという消去法で選ばれるクルマではなかったのである。1949年2月に発行されたロードテストの最後で、『モーター』誌はまさにこの点に言及している。

"これまで大型で速いクルマを好んできたドライバーの多くが、この成熟した小型車を選ぶことでニーズが満たされ、また燃費も優秀であるとすぐに気がつくだろう。モーリス・マイナーはイギリス国内で需要が高いにもかかわらず、海外への輸出が優先されており、残念なことに、イギリスのドライバーは辛抱強く待たなければこのクルマを手に入れられない"

確かにこれは事実だった。1947年当時、イギリスの労働党政権は、国内で生産された自動車の75%は輸出しなければならないと定めていたからだ。第二次世界大戦によって、イギリスの対外投資収入と海運収入は激減していた。国際収支の均衡を維持し、国民の生活水準を回復するために、イギリス政府は輸入を制限し、輸出を増大させる必要があったのだ。生産に必要な鋼鉄（スティール）は、輸出台数によって、各自動車メーカーへの割り当てが決定された。また、

第 1 章　「ミニ」までの道のり

新車の購入者は高い物品税の支払いを強いられたうえに、少なくとも 1 年間は、その新車を手放すことを禁じられていた。したがって、クルマを買うゆとりのあるだれもが（そういう人は 1948 年にはまだ少数であったが）、当分の間、新車は品不足であったため、中古の戦前モデルを手に入れる他なかったのだ。

　ところで、この国家的な輸出優先戦略の影響を受けて、アメリカの安全基準に適合させるために、イシゴニスが気に入っていたグリルと一体型のヘッドランプのデザインには変更が施された。その後、1951 年 1 月までにイギリスを含め全マーケットのモーリス・マイナーのヘッドランプは、アメリカ向けと同じデザインに統一されている。これが、デビュー後のモーリス・マイナーに行なわれた最初の大きな変更となった。

　このヘッドランプの変更は、モーリス・マイナーの生産を遅らせる要因になった。さらにヘッドランプ以外の項目でも、海外市場の要望に合わせた仕様で生産することに手間取ったため、モーリス・マイナーの生産に遅れが生じることは珍しくなかった。このため、ライバルより性能が優れていようとも、海外での販売状況は必ずしも順調とはいえなかった。しかし、それでも生産開始から最初の

アメリカの安全基準に合わせて、グリル一体型のヘッドランプは独立型に変更された。新デザインのヘッドランプを工場出荷前にテスト。デビュー当時のバンパーの"繋ぎ目"は消え、金属部分はきれいに一周している（1951 年撮影）。

73

12年間に、当時の総生産台数の48％にあたる50万台近いモーリス・マイナーが、オーストラリア、アメリカをはじめとする海外に輸出されている。

前輪駆動のモーリス・マイナーを試作

　前述のように、1948年のロンドン・モーターショーで発表された新型モーリス・マイナーは、モーリスの新しいラインナップのなかの1モデルとして誕生した。"モスキート・プロジェクト"が完了した後、イシゴニスとチームのメンバーは、マイナーよりも少し大型の「モーリス・オックスフォードMO」の開発を行なった。

　イシゴニスはこの開発を終えた後、もともと後輪駆動のモーリス・マイナーを前輪駆動に変更した試作車をつくり、実験を行なっている。当時のイシゴニスは、シトロエンが戦前に登場させていた前輪駆動モデルに刺激を受けていた。この革新的なレイアウトを持つシトロエンのモデルは、導入当初は信頼性が課題になっていた。しかし、フロントエンジン／前輪駆動のレイアウトにはロードホールディングを向上できるという利点があり、イシゴニスはこの点に大きな関心を持っていたのだ。モーリス・マイナーの前輪駆動の試作車をつくるにあたって、イシゴニスはエンジンを"横置き"に搭載するという、独自のアイディアを加えている。またこの時、トランスミッションは、横置きしたエンジンの端に"一列"に配置した。こうして、今日では小型モデルの標準レイアウトとなっている、横置きフロントエンジン／前輪駆動に変更されたモーリス・マイナーの試作車がつくられ、そのテストドライブが行なわれたのである。前輪駆動の試作車は、凍った道路ではとりわけ素晴らしい走りを見せたものの、イシゴニスは総合的なテスト結果には満足できなかった。この横置き／前輪駆動というアイディアが実を結ぶのは、まだしばらく先である。

アレックス・モールトンとの出会い

　イシゴニスが、サスペンションの開発で有名なアレックス・モールトンに初めて会ったのはちょうどこの頃だった。アレックス・モールトンとイシゴニスはこの後、長期にわたってサスペンションの開発を一緒に行なうことになる（アレックス・モールト

ンについては、Column3 を参照)。

オースティンとモーリスの合併

　輸出主導ではあったが、1950年代のイギリス経済は緩やかに回復した。しかし、自動車業界の低迷は続き、戦前からの2大勢力であったオースティンと、ナッフィールド・オーガニゼーション（モーリスをはじめとする一大グループ）は合併することになった。こうして、1952年初期にブリティッシュ・モーター・コーポレーション（BMC）が誕生する。オースティンでは、創業者のハーバート・オースティンが1941年に亡くなり、かつてモーリスで働いていたレオナード・ロードがトップとして指揮をとっていた。合併当初、BMCの会長にはモーリスの創業者のナッフィールド卿が就任し、レオナード・ロードは副会長となる。しかし、これは両社の合併が同等であると見せかけるための措置であり、ナッフィールド卿は1952年12月の取締役会で引退し、名誉職に就く。そして、すでに実権を握っていたレオナード・ロードがBMCのトップである会長に就任する。

イシゴニス、アルヴィスへ転職

　この変化はモーリス・マイナーにも、その生みの親のアレック・イシゴニスの未来にも大きな影響を与えた。モーリスとオースティンが合併すると、社内抗争を嫌ったイシゴニスはBMCを離れ、アルヴィス社に転職した。合併後、実際に主導権を握ったのは、オースティンだったからである。BMCの設計部門の本部はモーリスではなく、オースティン側に置かれた。最初に手がけたモーリス・マイナーの成功により、イシゴニスは1950年にチーフエンジニアに昇進し、創造性を発揮するために必要な環境や裁量を手にすることができていたが、BMCという新しい会社ではそれらをこれまでと同じように維持することは困難な状況になってしまった。合併からひと月も経たないうちにイシゴニスはBMCを退社して、新天地のアルヴィスへ向かった（詳細は本章の8の「まぼろしの新型車"アルヴィスTA350"」を参照のこと）。

BMC誕生後のモーリス・マイナー

　BMCを辞める前に、イシゴニスと彼のチームは、成功を収めた1948年の製品ラインナップの"次世代モデル"の仕事に取り掛かっていた。イシゴニスが会社を去った後も、残ったチームのメンバーがそのプランを実践し、イシゴニスの影響は続いた。BMCになってから最初に登場した新型は、新しいスタイルにつくり直されたモーリス・オックスフォード・シリーズⅡだった。その翌年、モーリス・シックスの後継モデルであるモーリス・アイシスが登場している。イシゴニスはいつもモーリス・マイナー、モーリス・オックスフォード、モーリス・シックスの3つのモデルをファミリーと考えていたので、マイナーがどれほど成功を収めていようと、そのデザインをフェイスリフトするのは当然だと思っていた。したがってモーリス・マイナーについても変更作業に着手し、モーリス・オックスフォード・シリーズⅡに追従する変更を行なおうと考え、BMCを去る前に構想を残している。しかし、レオナード・ロードは、モーリス・マイナーはオースティンとモーリスの製品ラインナップのなかで最高のクルマだと考え、モーリス・マイナーには大きな変更を実行する理由はなにもないと考えていた。その結果、マイナーは他のモデルとは異なる展開でモデルチェンジしていく。

　まず、1952年にモーリス・マイナー・シリーズⅡが導入される。スタイリングには変化はなく、外観から新旧を見分けることは難しいが、エンジンは戦前に開発されたサイドバルブエンジンではなくなっている。モーリス・モーターズはすでにウーズレー・エイトにOHVエンジンを採用していたが、レオナード・ロードはこのエンジンではなく、オースティンA30に採用していたOHV／803ccの"Aシリーズエンジン"をモーリス・マイナーに搭載したのである。また、リヤアクスルにも変更が施された。こうした変更により、ハンドリングが改善された。

　1953年10月には、「モーリス・マイナー・トラベラー」と呼ばれるステーションワゴンが追加されている。トラベラーにはサルーンと同じ仕様が標準として採用されたが、リヤシートはベンチ式でアームレストも付いていた。また、ラゲッジコンパートメントは広く、観音開きの2枚ドアが設置されており、使い勝手がよい。リヤシートは折りたたみ式で、荷物スペースをさらに広げることも可能である。ラゲッジ

コンパートメントには大型ウィンドウを採用し、視認性も向上させている。

　シリーズⅡの誕生から2年後の1954年には、フェイスリフトモデルが登場し、グリルのデザインが変更される。この新しいグリルは、モーリス・マイナーの最終生産まで採用されることになる。また、シートも新しくなり、ダッシュボードにはセンターメーターが装着されている。

　先に述べたように、モーリス・マイナーに803ccのAシリーズエンジンが採用されたのは、シリーズⅡ（1952年）からであるが、1956年のロンドン・モーターショーで発表された「モーリス・マイナー1000」には、排気量を948ccに拡大したAシリーズエンジンが搭載されている。「モーリス・マイナー1000」には、エンジンの排気量のみならず、スタイリングにもいくつかの変更が施されていた。分割式のフロントウィンドウはワンピースになって水漏れしにくくなり、雨天の視界も向上した。また、リヤウィンドウも大型化し（サルーンのみ）、トランスミッションのギヤレバーは短くなって運転席と助手席の間に設置され、インテリアも改良されている。価格が据え置かれたこともあり、国内外ともに販売は伸びた。

　「モーリス・マイナー1000」のイギリスでの販売は、好調を維持した。戦後経済の困窮状態は和らぎ、クルマにかかる費用も値下がりし、イギリスではクルマを所有する人が増加する。モーリス・マイナーがデビューした1948年当時の宣伝のキーワードは"パフォーマンス、経済性、快適性"であったが、1956年の「モーリス・マイナー1000」では、家族全員がドライブを楽しみ、自由を謳歌することがテーマになっていた。

デビュー作が100万台突破

　こうしてモーリス・マイナーに変更が加えられていたなか、1955年の終わり頃、モーリス・マイナーの生みの親であるアレック・イシゴニスはアルヴィス社から再びBMCに復帰し、1959年には新型の小型車ミニが誕生する。しかし、ミニが登場しても、イシゴニスが最初に手がけたモーリス・マイナーのサクセスストーリーは終わらなかった。1960年の年末が近づいていた頃、モーリス・マイナーはイギリス車として初めて100万台の生産台数を突破した。12月22日に祝いの会が催され、

1960年12月、モーリス・マイナーは100万台を突破。祝賀セレモニーが行なわれた。右側がイシゴニス。

イシゴニスがこの会を主宰した。100万台目として記録されたのは、限定350台の「モーリス・マイナー・ミリオン」の1台である。海外メーカーではすでに100万台を突破したモデルは存在していたが、BMCのようにバッジエンジニアリングを採用しているモデル数の多いメーカーにとって、1モデルが100万台を突破するのは稀な出来事だった。モーリス・マイナーは偉業を達成したといえる。

1962年、「モーリス・マイナー1000」のAシリーズエンジンは、再び排気量が拡大された。これがモーリス・マイナーに加えられた最後の大きな変更である。実際の排気量は1098ccになったが、「モーリス・マイナー1000」というモデル名はそのまま維持された。

モーリス・マイナーは、コンバーチブルが1969年6月に最初に生産を終了し、続いてサルーンが1970年11月、トラベラーが1971年4月に生産を終えている。イシゴニスのデビュー作は100万台を達成しただけでなく、1948年秋に誕生して以来、20年以上生産が続いた"長寿モデル"にもなったのである。

8　まぼろしの新型車"アルヴィス TA350"

イシゴニス、アルヴィスへ

　1952年にモーリスがライバルのオースティンと合併し、BMC（ブリティッシュ・モーター・コーポレーション）が誕生してまもなく、イシゴニスはBMCを辞め、アルヴィスに転職した。アルヴィスはコベントリー（イギリス中部）に本拠地を置く小規模自動車メーカーで、航空エンジン、軍用車、乗用車を生産していた。アルヴィスには派手さや革新性を重んじる伝統はなかったが、戦後の販売戦略の一環として、アルヴィスの製品ラインナップに新たな活力を与える新型車を誕生させたいと考えていた。イシゴニスはアルヴィスの設計責任者として、コードネームで"TA350"と呼ばれる豪華8気筒モデルの開発を行なうことになった。しかし、イシゴニスはアルヴィスに骨を埋めるつもりはなかったのかもしれない。というのも、これまで住んでいたオックスフォードの家に母を残し、単身赴任を選択したからだ。イシゴニスはアルヴィスに在籍した数年間、ホテル住まいをして会社に出勤し、週末にオックスフォードへ帰るという生活を送ることになる。

　イシゴニスは1952年6月5日に正式に雇用契約を結んでいるが、残されたスケッチブックを見ると、3月にはもう新天地アルヴィスで仕事を開始していたことがわかる。アルヴィスでイシゴニスの上司になったのは、この会社を率いるマネージング・ダイレクターのジョン・パークスだった。イシゴニスより3歳年上のパークスは、イシゴニスの同僚であると同時に友人となった。

新たなチームづくり

　イシゴニスのアルヴィスでの最初の仕事は、新型車の開発のためにチームを結成することだった。モーリス・マイナーを成功させたイシゴニスは、初めて自分もチームの人選に関わることができた。とはいえ、アルヴィスはモーリスよりもずっと小さな会社だったので、選択の対象となるスタッフは限られていた。また、当時のアルヴィスの年間生産台数はわずか2,000台であったため、自社のボディ工場は備えていなかった。

最初にチームの一員になったのは、アルヴィスに1945年から勤務するクリス・キンガムというエンジニアで、専門はエンジンの設計だった。キンガムは上司に勧められてイシゴニスのチームに入ったが、実はメンバーに加わることをためらったという。モーリス・マイナーという素晴らしいクルマを誕生させたイシゴニスは、当時すでにイギリス自動車業界でその名が知られる存在となっていた。そのような経歴のある人物のもとで仕事をするのは、何かと大変ではないかとキンガムは心配したのだ。しかし、一緒に働き始めてすぐにわかったのは、イシゴニスは仕事に対してとても厳しく、また部下に有無を言わせない"独裁的なリーダー"でありながらも、同時に非常に人間的で親しみの持てる人物だということだった。

　製図担当には、ジョン・シェパードとフレッド・ブービアが選ばれた。この二人はチーフ・ボディ・エンジニアのハリー・バーバーの部下でもあり、またバーバー自身もこのプロジェクトに関わることになった。当初、シェパードがシャシーを担当し、ブービアがボディを担当していたが、イシゴニスと反りが合わなかったブービアが1年後にアルヴィスを去り、その後はシェパードがクルマ全体の製図担当になる。当時、シェパードはまだ20代半ばで経験も浅く、しかもモノコックボディを担当するのはこの時が初めてだった。イシゴニスのアイディアを読み解いて製図を起こすという仕事は、シェパードにとってやりがいがあると同時に、難しい仕事でもあった。シェパードが壁にぶつかった時には、イシゴニスは彼を励ましたという。

　その他のメンバーは、社外から新たに採用された。スタンダード・モーター・カンパニー出身のビル・カースルズがトランスミッションを担当し、また同じくスタンダード・モーターからやって来たハリー・ハリスがサスペンションと駆動系を担当した。また、モーリス・マイナーのデビュー後にイシゴニスと知り合いになり、良き友となっていたアレックス・モールトンも、コンサルタントとしてチームに加わっている。

TA350の基本構造
　この当時、アルヴィス社は伝統的な高品質モデルを製造するメーカーとして知

られていたが、イシゴニスが取り組んでいた先進的な新型車プロジェクトは、アルヴィスにとってはまったく新しい冒険的な試みであった。イシゴニスは4ドアサルーンのTA350に、スティール製モノコックボディ、3.5リッターV8の軽量アルミエンジン、後輪駆動を採用し、また四輪独立懸架式サスペンション、オートマチック・トランスミッションなどの先進的なアイディアも多数取り入れようとしていた。このすべてがイシゴニス独自の考えなのか、それともイシゴニスがこのプロジェクトを開始する前に基本コンセプトが存在していたのかは、今となってははっきりとはわからない。しかし、イシゴニスがモーリスを離れる直前に手がけていたオックスフォード・シリーズII（1954年5月誕生）とTA350には、共通点があるのは明らかである。

　イシゴニスがこの最終スペックにたどり着くまでの過程は、表紙に"1952年"と年号が書かれたアークライト社製のトレーシングパッド（スケッチブック）4冊に、154ページにわたってスケッチが残されている。ここに残されたスケッチは、イシゴニスが残したスケッチのなかでも最高に素晴らしいものであり、彼の創造性が見事に表現された芸術性あふれる"作品"ともいえる。さらに1955年までの3年間に日付順に書かれたTA350に関するメモも、別の数冊のノートに残されている。これらのスケッチとノートは、本書の「はじめに」で書いたように、この貴重な遺品が入っていたオーク製の大型チェストとともに、ブリティッシュ・モーター・インダストリー・ヘリテッジ・トラスト（BMIHT）が管理保管している。

TA350の開発

　TA350の開発は、1952年5月に本格的に始まった。前述のように最終スペックでは後輪駆動と決定したが、前輪駆動も検討されたことがスケッチからわかる。アルヴィスには1928年から1930年にかけて前輪駆動のスポーツカーが存在していたので、その伝統を引き継ごうとイシゴニスは前輪駆動を検討したのかもしれない。しかし、長いホイールベースを持つTA350の場合、おそらく最小回転半径が大きくなるという理由で、前輪駆動は採用されなかったのだろう。

　1952年半ばまでには、スペックの概要が決定する。アルヴィスの新型車のサス

ペンションには、ラバーをスプリングの代わりに使用し、流体によって左右片側ずつ前後輪を相互接続させる新システムを開発することになった。フロントとリヤにはウィッシュボーンリンクとモールトンのラバーサスペンションユニットを装備する。イシゴニスは当初、ラバーは硬すぎるという理由でラバーサスペンションの導入を積極的に考えてはいなかった。しかし、サスペンションのアドバイザーとしてTA350の開発を一緒に行なっていたアレックス・モールトンが、イシゴニスの元同僚のジャック・ダニエルズとモーリス・マイナーに試みた実験結果により、ラバーは適切に使えば、スプリングに匹敵する素材となるとイシゴニスは考えるようになった（詳細はColumn3を参照）。こうして、これから10年という長い年月をかけて行なわれるハイドロラスティック・サスペンションの開発が始まったのである。

　さらに、イシゴニスはまったく新しい3.5LのV8エンジンの開発も手がけた。2基の試作エンジンがつくられ、実験の段階では最高出力は2基とも124bhp（126ps）ほどであった。またトランスミッションには遠心式クラッチを採用し、フロントで小型クラッチを足で操作して、リヤのオーバードライブ付きの2速ギヤが作動する設計を試みた。パワーウェイトレシオが低かったので、2速ギヤで十分と判断したようだ。

アルヴィスTA350のスケッチ（1952年頃）。ノーズに描かれた逆三角形のバッジには、"ALVIS"と記されている。イシゴニスは3年間このモデルの開発に熱心に取り組み、試作車がつくられ、テストも実施された。

有名なデザイナーに依頼できるほど予算に余裕がなかったので、ボディのスタイリングもイシゴニスが手がけることになった。モーリス・マイナーにはアメリカのデザインの影響が見られたが、TA350はイタリアのランチア・アウレリアからインスピレーションを得ていたようだ。TA350は小型車ではなかったが、スケッチブックを見る限りでは、小型車好きのイシゴニスはTA350を可能な限り小さく（全長：14feet〔約4267mm〕）、そして軽量（目標重量：23cwt〔約1168kg〕）につくろうとしていた。

　イシゴニスのスケッチブックには、1954年4月4日の日付でボディのデザインをどのように進めたかが推測できる手書きのメモが残っている。そこにはキーワードとして、"ねじり剛性"、"ホイールは四隅に"、"視認性を高めるためにウェストラインは低く"、"スタイリングに頼らず、シンプルなラインを重視"といったことが書かれている。これらはイシゴニスの自動車エンジニア人生のなかで、その後もずっと開発の基本思想として重視されていくことになる。

プロジェクトの中止

　TA350の試作車は、1954年5月からはロードテストも行なわれている。しかし、TA350の生産が始まることはなかった。アルヴィスはこの生産コストの高いモデルを、新型車として導入するのはあまりにも経営リスクが大きいと判断し、1955年6月にプロジェクトを中止したのだ。この新型車はそれまでアルヴィスが製造していたモデルとは大きく異なっていたため、コンポーネントの多くを外部の専門会社に委託しなければならなかった。アルヴィスは年間5,000台を計画していたが、それでは採算が取れなかったのである。アルヴィスの顧客層は保守的だったので、先進的な新型モデルは受け入れられないのではないかという懸念もあったようだ。

　しかし、アルヴィスに在籍した3年の間に、イシゴニスは新型車に関する新たなアイディアをいくつも考案し、また同時に、将来の新型車開発に重要な役目を果たす人間関係を築いた。アルヴィスの同僚たちはもちろんのこと、フリーランスのサスペンション設計者のアレックス・モールトンとも一緒に仕事をしたことは、後

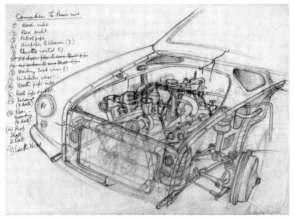

市販化には至らず、プロジェクトが中止されたアルヴィスTA350のスケッチ。アークライト社製のトレーシングパッドから見つかったイシゴニスのスケッチのなかでも特に美しい1点。

に大きな意味を持つことになる。

イシゴニス、BMCのロングブリッジへ

　ちょうどこの頃、BMCの会長、サー・レオナード・ロードは、BMCを躍進させるために斬新なクルマをつくることができる設計者を求めていた。一方、イシゴニスも、アルヴィスでの新型車開発が中止されることが明らかになると、すぐに新たな職場を探し始めている。そして幸運にもイシゴニスは、友人でありSUキャブレターズの経営幹部であったジョン・モーリスに仲介役になってもらい、レオナード・ロードに会うことができた。その結果、BMCの技術副部長として、古巣のBMCへの復帰が決定したのである。イシゴニスの新たな活動拠点は以前のカウリーではなく、オースティンの本拠地で、いまやBMCの本拠地となっているロングブリッジであった。いよいよミニの歴史が始まろうとしていた。

第 2 章 「ミニ」の誕生

1 「ミニ」（ADO15）誕生の背景

BMC のラインナップ

　1955 年の終わり頃から、イシゴニスが BMC のロングブリッジ（オースティンの本拠地）で仕事を始めた時、その任務は単に 1 台の"小型車を開発すること"ではなかった。この頃、会長のレオナード・ロードは時代遅れになりつつあった BMC のクルマに刺激的な要素を注入し、先進技術を備えた新たな製品ラインナップに刷新したいと考えていたのだ。当時の BMC のラインナップのなかには、イシゴニスが設計して 1948 年に発表されたモーリス・マイナーも含まれており、マイナーはまだ主力モデルとして活躍していた。この他の主力モデルは、小型のオースティン A30（1951 年～）とその後継モデルとなるオースティン A35（1956 年～）、中型のオースティン・ケンブリッジ（1954 年～）と大型のモーリス・オックスフォード・シリーズ II（1954 年～）であったが、そのルーツはいずれもオースティンとモーリスがそれぞれ独立していた時代にあった。

　そこで BMC は、イタリアのカロッツェリア、ピニンファリーナと 1955 年 12 月に契約を結ぶ。まったく新しいラインナップを誕生させるまでの間、ピニンファリーナ（父のバッティスタと息子のセルジオ）の協力を得て、既存モデルに外観デザインの変更を施すことにしたのだ。そして、小型のオースティン A35 と同じメカニカルコンポーネントを持つ、「オースティン A40 ファリーナ」という新たなモデルが誕生し、1958 年に発表される。これを皮切りに、同様にピニンファリーナが改良を施したオックスフォード、ケンブリッジ、ウェストミンスターなどの"BMC ファリーナ"と呼ばれるモデルが次々と誕生していった。

1958年9月、"BMCファリーナ"の第一弾、オースティンA40ファリーナの発表会がBMC本拠地のロングブリッジで開催された。左からレオナード・ロード、バッティスタ・ピニンファリーナ、ジョージ・ハリマン、セルジオ・ピニンファリーナ。写真右端の階段にはイシゴニスの姿も見られる。

新チームの結成

　BMCファリーナが市場に投入されている間に、イシゴニスは新しいモデルラインナップの開発に取り組むことになった。最初に行なったのは、一緒に仕事をする"チームの結成"である。イシゴニスは前述の通り、これまで新型乗用車の設計を、厳しく制限された環境下で行なってきた。モーリス・マイナーの時は、第二次世界大戦中であったために少人数のグループで開発を行なわなければならなかったし、アルヴィスも小さな会社だったため、やはり同様であった。こうした過去の経験によって、イシゴニスは業界の常識とは異なる独特の方法で、新型車の開発を行なうエンジニアになっていた。それは、イシゴニス自身が小さなチームをコントロールし、新型車開発のすべてに彼自身が直接関わるというやり方である。

　BMCに復帰したイシゴニスは、これまでの実績によって経営陣から100％の信頼を得ていたので、好きなやり方で新型車を開発して良いと許可されていた。こうしてイシゴニスにとって3度目となる新型車開発のための小さなチームの人選が始まる。ただし、過去の2回と異なっていたのは、チームの人選をすべて自分の望むように行なえたことだった。

　イシゴニスが最初に選んだメンバーは、かつてモーリス・マイナーを一緒に開発

第 2 章 「ミニ」の誕生

したジャック・ダニエルズである。ダニエルズは引き続きモーリス本拠地のカウリーで働いており、管理職になっていたが、彼が望むような仕事ができる環境ではなかった。これは合併によって誕生した BMC が、モーリスのカウリーではなく、オースティンのロングブリッジ主導の組織となっていたからである。ダニエルズはイシゴニスから新チームに誘われた時、カウリーの日陰部署のナンバー 1 でいるよりも、権勢をほしいままにするロングブリッジの花形部署のナンバー 2 でいる方が好ましいと考え、この誘いを受けたのだ。よくダニエルズのことを「イギリスで最も万能な設計エンジニア」と言って高く評価していたイシゴニスは、再び一緒に仕事ができることを大いに喜んだ。

　ロングブリッジ工場の敷地内にある経営陣のオフィス棟は、ソ連（現在のロシア）にちなんで、通称"クレムリン"と呼ばれていた。イシゴニスとダニエルズには、この建物の 2 階の角部屋が割り当てられる。このオフィス棟には、会長のレオナード・ロードや副会長のジョージ・ハリマンのオフィスもあった。ハリマンのオフィスの窓は建物の正面側にあったし、レオナード・ロードの立派なオフィスは長い廊下の先にあり、イシゴニスとダニエルズのオフィスとは離れていた。また、イシゴニスたちのオフィスの窓は一般社員のオフィス側にあり、窓から見えるのは素晴らしい

イシゴニスとは 1930 年代後半から一緒に仕事をしており、モーリス・マイナーの開発でもイシゴニスのチームの一員として貢献したジャック・ダニエルズ（1958 年撮影）。ダニエルズは BMC 誕生後もモーリスのカウリーで働いていたが、イシゴニスの新チームに加わり、ロングブリッジで新たな挑戦を始める。

87

景色ではなく、デザインスタジオだった。しかしそれでも、経営陣たちと同じ階にオフィスが割り当てられたことで、社内におけるイシゴニスのチームの地位がはっきりと示されたのである。

イシゴニスがダニエルズに次いでチームに呼んだのは、アルヴィスでイシゴニスのチームにいたジョン・シェパードとクリス・キンガムだった。ダニエルズ、シェパード、キンガムの3人は、この後イシゴニスの新チームの中心的メンバーになっていく。また、普段はモーリス本拠地のカウリーに席を置き、実験部門のチーフエンジニアを務めていたチャールズ・グリフィンも、やがてチームに加わる。さらにサスペンションのスペシャリスト、アレックス・モールトンもアルヴィス社でのTA350に引き続き今回もコンサルタントとして、またメンバーの一員として開発に協力することになった。また、ロングブリッジのトップクラスのエンジニア数名もチームに加わった。新チームは1956年1月から本格的に活動を開始する。

本格始動からまもなくして、イシゴニスのチームには、実験施設の隣に"ワークショップ"と呼ばれる専用の作業場が与えられた。ロングブリッジで働く他の同僚たちが注目したのは、イシゴニスが"クレムリン"にオフィスを持ったことよりも、この専用ワークショップを構えたことだった。イシゴニスたちがワークショップでスペックを検討し、その決定がすぐに実行すべき仕事として、まず実験部門に渡され、次に生産部門に渡される。こういう流れで、新型モデルの開発は進められていく。これを苛立たしく思ったのは、自分たちのお株を奪われる格好になった、BMCの製図部門の人たちだった。新型車の初期の開発プロセスから、製図部門はまったく除外されていたからだ。イシゴニスのチームは誇り高きロングブリッジの真ん中で、まるで独立した飛び地のような存在になっていた。そしてこの体制を保護していたのが、BMCの最高権力者、会長のレオナード・ロードである。

イシゴニスのチーム運営

イシゴニスは1952年にモーリスからアルヴィスへ転職する直前に自分の設計哲学について語っており、そのなかで、「新型車の開発を成功させるには、その

新型車に関わるすべてのエンジニアの団結心が重要です」と述べている。これはワンマンというイメージを持つ人物の発言としては、意外なコメントである。イシゴニスと1956年初頭に発足した新チームは、どのように仕事をしていたのだろうか。メンバーの一人、ジョン・シェパードは次のように話している。「チームを指揮するのはイシゴニスただ一人です。イシゴニスが指揮者で、私たちはいってみれば、オーケストラのメンバーですね。イシゴニスの指揮に合わせて美しい音色を生み出すことができれば、すべてうまくいきました」

　イシゴニスはチームのメンバーに指示を与え終わった後で、いつも決まって「さあ戻って、すぐにやりなさい」と言った。指示を与えられたチームのメンバーが、イシゴニスに自分の意見を言うことは許されなかった。イシゴニスの指示に従って、設計に取り組む。これがこのチームの鉄則だったのである。イシゴニスがアイディアを出し、そのアイディアを実際に設計して機能させること、これがチームのメンバーの仕事だった。チーム運営という点においては、イシゴニスの、いわば独裁的な側面が見てとれる。

　こんなエピソードがある。ある日、新型車の軽量化に取り組むシェパードのところにイシゴニスが現れた。イシゴニスはポケットからおもむろに60gほどの重さのものを取り出して、「今日、きみはこれくらいの軽量化ができたか？」と、なにやら芝居掛かった演出をして、進捗状況を確認に来たことがあったという。イシゴニスはシェパードに圧力をかけて、楽しんでいただけかもしれないが、この話からもイシゴニスがチームの支配者だったことが感じられる。もしチームのメンバーが何か範疇を超えた指摘をすると、イシゴニスは自分が責任者だと言って即座にはね返した。やはり、チーム内においてはイシゴニスただ一人の考えで、すべてが決定されていたのだ。

　ではなぜ、イシゴニスのワンマンなやり方にチームのメンバーは耐えられたのか？　メンバーの一人、クリス・キンガムはこう話している。「彼は個人的には心の温かい、寛大な人でした。それに決断が早く、指示も早かったので、一緒に仕事をしていると、いつもわくわくする人でした。ですから、彼のマイナス面よりも、ポジティブな側面に大きな喜びを感じることができたのです」

ピニンファリーナ親子との出会い

　イシゴニスと新チームは1956年1月から活動を開始したが、すぐにミニの開発を始めたわけではなかった。最初に手がけたのはコードネームXC9001（大型車）とコードネームXC9002（中型車）だった。小型車のXC9003の開発も行なうことになっていたが、こちらはBMCの意向により後回しになっていた。

　ところで、イシゴニスがピニンファリーナと初めて一緒に仕事をしたのは、最初に取り組んだXC9001とXC9002の試作車を通してだった。イシゴニスが設計とデザインを行なったこの2台の試作車は、当時BMCとコンサルタント契約を結んでいたピニンファリーナがスタイリングの仕上げを行なった。このプロジェクトにピニンファリーナが関わることに対して、イシゴニスが異議を唱えるようなことはまったくなかったという。それどころか、イシゴニスとバッティスタ・ピニンファリーナ、そしてその息子のセルジオ・ピニンファリーナとの親交はこの時から始まり、その後長く続いたのだ。

石油危機により、小型車が最優先に

　XC9001とXC9002の開発が始まって1年近く経った頃、国際政治情勢がイシゴニスのチームの仕事に思いがけない影響を及ぼすことになる。その発端は、1956年7月にエジプトのナセル大統領が宣言したスエズ運河の国有化だった。スエズ運河は1869年に開通していたが、イギリスは1875年にこの運河を経営す

ペイントが施されたXC9001のモックアップ（1956年）。このモデルは大型で、またFFではなくFRであったが、エクステリアはミニを想起させる。背景の建物は、"クレムリン"と呼ばれたロングブリッジの経営陣オフィス棟。

る会社の株式の44%を取得し、最大株主となっていた。ナセル大統領の国有化宣言から3ヵ月後（1956年10月）、イギリスはフランス、イスラエルとともにスエズに出兵し、ナセル政権の打倒とスエズ運河地帯の権益を維持しようとした。こうして第二次中東戦争とも呼ばれるスエズ戦争が始まる（11月初頭に英仏は軍事介入を中止）。スエズ運河は、中東からヨーロッパへ石油を輸出する主要ルートであったため、この戦争によってイギリスでは半年にわたって石油危機が起こり、一時的にガソリンは配給制になった。その結果、燃費の良い小型車の人気が一気に高まったのだ。

　この動向に注目したレオナード・ロードは、小型車の開発に集中してできるだけ早く完成させるようにと、イシゴニスに指示する。1920年代から1930年代にかけて、オースティンとモーリスはどちらも小型車を得意としていた。当時はオースティン・セブンとモーリス・エイトが、小型車のマーケットリーダーだったのだ。石油危機が始まった直後から、"バブルカー"と呼ばれるドイツの小型車の人気が急上昇しており、レオナード・ロードはそのことを快く思っていなかった。"バブルカー"が自動車市場の主力モデルになることは決してなかったが、このクルマの人気に目を留めたレオナード・ロードは、BMCの製品戦略を急遽方向転換した

バブルカーを代表する「メッサーシュミットKR200」。191ccの空冷単気筒エンジンを搭載。軽量小型のバブルカーは、透明なドーム型ドア（バブルトップ）を持ち、その多くは二人乗りの三輪だった。ちなみにメッサーシュミット社は第二次世界大戦中にはドイツの主力戦闘機を製造していた（ロンドン科学博物館所蔵）。

メッサーシュミットとともにバブルカーとして有名な「BMWイセッタ」。297ccの空冷単気筒エンジンを搭載。戦後、まだ高級車の需要が少なかった頃、BMWはイタリアのイソ社からライセンスを取得してイセッタを生産した。"バブルカー"は、当時の日本では"マイクロカー"と呼ばれていた（トヨタ博物館所蔵）。

のである。

　こうして1956年の終わり頃、イシゴニスはこの1年間優先的に開発を進めてきた大型と中型モデルの開発を棚上げし、まだあまり手をつけていなかった小型車XC9003の開発を最優先に取り組むことになった。

　レオナード・ロードが嫌ったバブルカーも含め、当時の小型車には、大人4人を乗せることができない、または乗員のスペースを確保しようとすると適切なサイズのエンジンを搭載できないという、どちらかの課題を抱えていた。そこでイシゴニスはこれまで培ったすべての経験を活かし、革新的な方法で当時の小型車の課題を克服したいと考えていた。モスキート（モーリス・マイナー）やアルヴィスでのプロジェクトに取り組んでいた時に育んだアイディアだけではなく、若い頃に趣味のレースで勝利を挙げるためにオースティン・セブンを改良したり、ライトウェイト・スペシャルをつくった時に得た知識も含め、すべての知識を総動員して小型車を設計しようとしていたのだ。

　イシゴニスは小型車の開発にあたり、レオナード・ロードから「BMCの既存のエンジンを採用するように」と指示されていた。その理由は、新型小型車を一刻も早く市場に投入したいと考えていたからだ。それに新型エンジンを開発すれば、多額のコストも必要になる。イシゴニスはデビュー作のモーリス・マイナーの時と同じように、今回もまた既存のエンジンを搭載して新型車を誕生させることになった。しかし、モーリス・マイナーの時と違うのは、今回は最初からそう指示されていることだ。当初からそう決まっていれば、既存のエンジンを基本的な設計要素と比較的容易に組み合わせることができるだろうとイシゴニスは考えた。そして、この新型小型車にBMCの"Aシリーズエンジン"を搭載しようと決める。AシリーズエンジンはオースティンA30に搭載されて1951年にデビューしており、また第1章で述べたように、1952年のシリーズII以降のモーリス・マイナーにも採用されていた。

　イシゴニスに与えられた開発期間は2〜3年で、そのような短期間に設計から生産にいたるまですべてを完了させるのは、かなりハードルの高い目標である。しかし、小さくとも性能と居住性を両立させた完璧な小型車を開発するこ

第2章 「ミニ」の誕生

とは、イシゴニスにとって非常に興味深いプロジェクトであり、以前から取り組みたいと思っていたテーマだったので、開発期間が短いことをイシゴニスはまったく問題にしていなかった。戦前のオースティン・セブン、戦後のモーリス・マイナーというイギリスを代表する2つの名車と同じ小型車の分野に、経済性の高い新しいクルマを誕生させる。これがイシゴニスのチームの目標になったのである。

BMC復帰後のスケッチブック

　モーリス・マイナーとアルヴィスTA350の時と同じように、BMC復帰後に取り組んだ3つのXCプロトタイプについても、イシゴニスのスケッチと直筆のメモが現存している。1955年から1957年にかけて、イシゴニスがスケッチブックとして使っていた10冊のアークライト社製のトレーシングパッドが残されているが、最初の8冊に1955年12月から1957年2月までの記録が残っており、300点を超えるスケッチが描かれている。また、その多くはXC9001（大型）とXC9002（中型）に関するものだ。つまり、最初は大型車と中型車の開発が優先され、小型車の開発は後回しだったことがスケッチブックからも窺える。

　また、この時期のスケッチブックを見ると、以前よりも文字による分析が増えていることがわかる。スケッチのスタイルも変化しており、かつてモーリス・マイナーとアルヴィスの設計では、スケッチは鉛筆で詳細に描かれていたが、BMC復帰後のスケッチは黒の太いフェルトペンを使って描かれており、以前ほど精密な印象を与えない。

　しかし1956年の終わり頃には、イシゴニスのチームが最優先で取り組むモデルは大型および中型モデルではなくなり、小型モデルに変更される。残りの2冊のスケッチブックで、XC9003専用に新調した9冊目が始まる1957年1月から同年5月までに描かれたおよそ100点のスケッチを見ると、この5ヵ月間は将来「ミニ」となるXC9003の開発に集中していたことがわかる。この2冊のスケッチも以前のようにフリーハンドで詳細に描いたものではなく、もっとざっくりとした図式的なスタイルで描かれている。

イシゴニスがスケッチブックとして使っていたアークライト社製のトレーシングパッド。100枚のトレーシングシートがひと綴りになっている。1957年1月から使い始めたこの一冊には、XC9003（後のミニ）開発時のスケッチやメモが残されている。

2　革新的な小型車構想

小型車革命を起こした新レイアウト

　イシゴニスはクルマのデザインおよび設計をどのように進めて行くかという点について、次のように述べている。

　「カーデザイナーが新しいクルマをつくろうとする時に最初にすることは、デスクの前に座ってスケッチを始め、気に入ったスタイルになるまでスケッチを続けることだろうと、多くの人たちは推測しているだろう。だが、実はそうではない。デザイナーが最初にすべきことは、乗員が車内にどのように座るかを決める、またはそれをスケッチしてみることだ。まず、これをしなければならない。そして次に、メカニカルコンポーネントがどのくらいスペースを必要とするかを割り出す。これらの考察には長い時間を要するが、これを終えた時、ようやく見た目のデザインを考え始めるのだ」

　1957年1月、イシゴニスはスケッチブックとして使っていた、愛用のアークライト社製トレーシングパッドの新たな一冊をXC9003専用に使い始めているが（93頁の写真参照）、これを見ると、イシゴニス本人が話した手順でミニの開発が進められたことがわかる。また、このスケッチブックに書かれた計算式のメモによれば、イシゴニスはこの小型車の全長を116inch（約2946mm）と算出している。この数字をもとにXC9003の開発にあたってイシゴニスが設定した目標は、全長120inch（約3048mm）という極めて小型の4人乗りでありながら、技術的に譲歩することなく、可能な限り広い車内空間を持つことだった（ちなみに完成車の全長は、120.5inch〔約3061mm〕になっている）。

　スタイリングについては、3ボックスではなく、2ボックスタイプにしようと開発当初に決めている。当時は3ボックスカーが流行しており、トランク部分は年々長くなる傾向にあった。だが、イシゴニスは"タイヤは四隅"に置くのが良いと考えていたし、リヤの長い3ボックスカーを美しいとは思っていなかった。トランク部分をなくして2ボックスにすれば、クルマはかつてのようにバランスのとれた美しいスタイリングを取り戻すことができるだろうし、さらにホイールベースを長く

第 2 章　「ミニ」の誕生

できれば、高い操縦性も期待できるはずだ。また、乗員の居住空間と荷物スペースがひとつのボックスになれば、実用性ではさらに大きなメリットを享受できると考えた。

　乗員とラゲッジルームに 102inch（約 2591mm）を割り当てると、エンジンルームには縦 18inch（約 457mm）の空間しか残されていなかった。イシゴニスは、このわずかな空間にエンジン、トランスミッションをはじめとするメカニカルコンポーネントを配置するという難題に取り組むことになる。

　解決の糸口になったのは、エンジンを通常の縦置きではなく、横置きにしようと考えたことだった。スケッチブックには数ページにわたって車重の計算がなされ、前輪駆動、横置きエンジンのスケッチが描かれている。そしてついに、エンジンを横置きにし、さらにトランスミッションをエンジンの下のオイルパン内部に置き、共有のオイルを使うという考えに到達する。こうして、小さなエンジンルームに既存の A シリーズエンジンとトランスミッションを納めることが可能になると同時に、必要な室内スペースも確保できた。後年、この前輪駆動とフロント横置きエンジンのレイアウトはミニのトレードマークになるとともに、小型車における世界的標準のレイアウトになったのである。

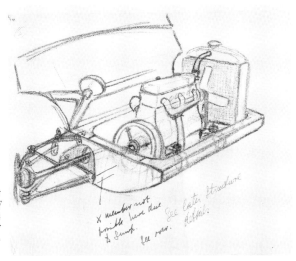

横置きエンジンのレイアウトを描いた開発初期のスケッチ（1957年頃）。エンジンを従来の縦置きではなく、横置きにするというアイディアは、革新的なレイアウトを実現させる突破口となった。

95

アイディアを現実の設計へ

　XC9003（後のミニ）は非常に小型なので、先述の通り、横置きにしなければエンジンを搭載できず、またトランスミッションをどこに搭載するかも課題になった。エンジンを 2 シリンダーにすればスペースの問題は解決できるかもしれないと実験を試みたが、その場合はパフォーマンスに課題が残るとわかった。XC9003 に 4 シリンダーを採用する場合、かつてモーリス・マイナーの前輪駆動／横置きの試作車をつくった時のように、エンジンの端に一列にトランスミッションを取り付けるスペースは残されていない。そこでイシゴニスは、エンジンの下にトランスミッションを置くことにしたのだ。

　したがって、既存のエンジンを採用するにもかかわらず、エンジン担当のクリス・キンガムはエンジンの構造変更に取り組むことになった。これまで縦置きで使われていたエンジンの向きを、XC9003 では横置きで使うとなれば、当然ながらトランスミッションにも多くの変更が起きる。また当時、主流のレイアウトであった FR の場合、エンジン、トランスミッション、リヤアクスルは個別のオイルを持つが、スペースの限られた XC9003 では、トランスミッションをエンジンオイルで動作させることになった。これがギヤの寿命にどのような影響を与えるのかについては、この段階では推察する他なかった。

　エンジンの改良変更以外にも、チームは XC9003 の進行に関わる課題に直面していた。当初予定していた、前後輪を相互に接続させる "ハイドロラスティック" サスペンションの開発が遅れ、スケジュールには間に合わないと判明したのだ。この件をどう対処するかは長い間検討されたが、イシゴニスは 1958 年 5 月 19 日になってようやく、XC9003 にはハイドロラスティックを採用しないと決める。そして、かつてアレックス・モールトンとアルヴィスを開発した時に使った圧縮したゴム素材のラバーコーンを、フロントとリヤの独立懸架サスペンションに使用すると決定した。ラバーコーンを使用することで、リヤのリンクがクルマの下に水平に伸び（透視図を参照のこと）、スペース効率性がいっそう改善された。また、走行安定性にも貢献した。これは、ミニが成功した大きな要因のひとつである。

　横置きフロントエンジンと前輪駆動の選択は、XC9003 に優れたロードホールディ

第 2 章　「ミニ」の誕生

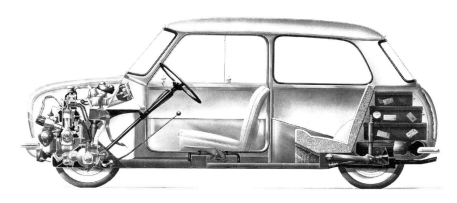

ADO15のパッケージングの素晴らしさはこの透視図を見るとよくわかる。リヤのサスペンションリンクが水平に伸びており、スペースの効率性に貢献している。リヤシートの下には、小さな荷物が置ける空間も確保されていた（この図では専用のバスケットが置かれている）。

ングを与えただけでなく、トランスミッショントンネルをなくし、居住空間にメカニカルコンポーネントが侵入するのを最小限に抑え、室内の有効スペースを増やすこともできた。

　室内スペースをさらに増やすために、次にイシゴニスが目をつけたのは、タイヤのサイズだった。モーリス・マイナーを設計した時には、当時としては最小の14inchの小型ホイール（ダンロップ製）を採用したが、XC9003の開発を進めていた1950年代後半には、14inchはもはや"一般的な"小型ホイールになっており、たとえば、オースティンA35の標準ホイールは13inchだった。そこで、イシゴニスは極めて小さい10inchという特注サイズのホイールとタイヤをダンロップにオーダーする。これに対して、ダンロップの担当者は当初、ブレーキを装着するスペースがとれないことを理由に、これほど小さいホイールの製造は不可能だと返答した。だが、イシゴニスは、本当に不可能かどうかは実際に試してみなければわからないと思っていたし、実行してみなければ納得できなかった。イシゴニスは両手で輪っかを作り、「さあ、この大きさを計ってください。どうしてもこのサイズのホイールが必要なのです」と熱心にダンロップに頼んだ。そして、ついに担当者を口説き落とし、10inchのタイヤとホイールが製造されたのである。

　次に着手したのは、乗員のための室内スペースだった。まず、足元空間を十

トランクリッドを開けた状態でもナンバープレートは見える仕掛けになっており、このように荷物を積載することができた。戦前、トランクリッドを開けたまま走行することは日常的に行なわれ、ミニ誕生当時にはまだその習慣が残っていた。その後、開けた状態での走行は禁止され、ナンバープレートは固定式に変更される。

分に確保し、リヤシートの下には手荷物を置き、ダッシュボードにも小さな荷物を収納できるようにした。さらに、トランクリッドを開けた状態にしておけば、そこにも荷物が置けるようにした。そして、最も注目すべきは、スライド式ウィンドウだった。巻き上げ式ウィンドウでは、ドアの内側に厚みのあるメカニズムを搭載しなければならないが、スライド式ならばその必要はない。イシゴニスはこの空間を使って、フロントドアとリヤドアの内側に収納スペースをつくったのだ。イシゴニスは冗談でこんなことを言っている。「このドアポケットには、ジン27本とベルモット1本が収納できるのですよ。これで私の好きなカクテル、ドライマティーニがつくれます」

　これは素晴らしいアイディアだった。スライド式ウィンドウは、当時も一般的ではなかったが、製造コストを抑えることが可能なので、低価格モデルには適していた。だが、イシゴニスがスライド式を選んだ本当の理由は、"ミニマリズム"を追求するためだったのである。チームのメンバーたちは、スライド式の採用には社内で反対意見が起きるだろうと予想していたようで、1958年6月にイシゴニスのチームのジャック・ダニエルズは、カウリー工場の生産計画を担当するエンジニアに次のようなメモを送っている。「スライド式ウィンドウは社内で反対の声が上がると思いますので、巻き上げ式への変更対応を準備しておいてください」。しかし、ミニの父であるイシゴニスは、まもなく生まれる愛しい我が子にそのような変更はさせないと、固く決心していたのだった。

第 2 章 「ミニ」の誕生

新レイアウトの発想の源は何か

　イシゴニスは、この前輪駆動／横置きエンジンという結論に達するまでに、どのような影響を受けてきたのだろうか。また、このアイディアはどれくらいイシゴニス独自のものだったのかを探ってみよう。前輪駆動も横置きエンジンも、1956 年の時点ではすでに新しいコンセプトではなかった。しかし、商業的に多用されてはいなかったし、この両方が必ずしもセットで使われていたわけでもなかった。

　現在、世界初の自動車として認められているのは、蒸気機関を動力源とする大型で重量のある三輪車である。この三輪車は大砲を運搬するためにつくられ、フランスの技術者のニコラ＝ジョゼフ・キュニョー（1725 – 1804）が設計した。キュニョーは 1769 年から 1770 年にかけて、この蒸気三輪車を 2 台試作している。蒸気機関を使っていること以外に、この三輪車のもうひとつの注目すべき特徴は、フロントの一輪によって舵取り機能と駆動機能の両方の役割が果たされていることだ。イシゴニスは蒸気機関が大好きで興味を持っていたので、この蒸気機関の歴史のひとコマを当然知っていたはずであるし、ある年、パリのモーターショーに出かけた時に、チームメンバーのクリス・キンガムと BMC のデザイナーのディック・ブルジを誘って、パリ工芸博物館を訪れてもいる。彼らはこの博物館に展示されているキュニョーの蒸気三輪車を見たに違いない。なぜなら、この三輪車は前輪駆動の先駆けだからだ。

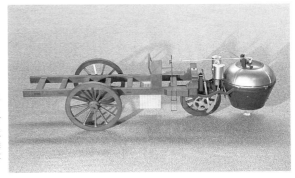

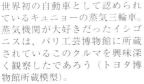

世界初の自動車として認められているキュニョーの蒸気三輪車。蒸気機関が大好きだったイシゴニスは、パリ工芸博物館に所蔵されているこのクルマを興味深く観察したであろう（トヨタ博物館所蔵模型）。

99

また、イシゴニスが最初に経験した横置きエンジンは、1920 年代に個人的に所有していた"ブレリオ・ウィペット"というサイクルカーだった（第 1 章の 2「イギリスでの生活」を参照）。それにイシゴニスは自動車雑誌を熱心に読んでいたし、趣味でレースに出場していた頃は、さまざまなエンジニアリングのアイディアを研究していたので、1930 年代に（横置きエンジンではないが）前輪駆動を実験しているヨーロッパのデザイナーのアイディアを見たり読んだりしていたと思われる。また、イシゴニス自身も、過去に前輪駆動の実験を二度試みている。最初は戦争中に軍用車両のナッフィールド・サラマンダーで、二度目はモーリス・マイナーで実験を行なっている。また横置きエンジンについても、やはりその実例を知っていたと思われる。たとえばドイツのアウトウニオンの DKW は横置きエンジンを採用しているが、イシゴニスはアウトウニオンのレーシングカーを高く評価していた。

　イシゴニスに影響を与えたかははっきりしないものの、極めて興味深い事例がもうひとつある。初期のイギリス自動車業界には、ローレンス・ポメロイ（シニア）という著名なエンジニアがいたが、その息子で同名のローレンス・ポメロイ（ジュニア）は、イシゴニスと同い年で友人であった。ポメロイ（ジュニア）もメカ好きで、特にモータースポーツに興味を持っていた。彼のキャリアは技術研究とジャーナリズムという二つの分野におよんでおり、1938 年には雑誌『モーター』の技術担当編集員になっている。1939 年 2 月 7 日に『モーター』は、ポメロイ（以下はすべて"ジュニア"のこと）が執筆したある記事を掲載した。その見出しには、"これまでに例を見ないクルマは、理にかなっているか？ ローレンス・ポメロイによる'ミニモーター'についての見解"と書かれる。この記事のなかでポメロイは、実用的な小型車をつくるための基本的なアイディアを提案している。ポメロイの提案するミニモーターとは、"短いホイールベースを持つ快適な座り心地の小型車"であり、また短いホイールベースであるがゆえに、"前輪駆動"を採用すべきであると書いている。また前輪駆動を選択するため、エンジンは小型（4 気筒）であり、かつ"横置き"にするのが良いと提案している。

　1974 年にスイス人ジャーナリストのロベルト・ブラウンシュヴァイクが、この 1939 年のポメロイの記事をイシゴニスに送付している（ポメロイは、1966 年に亡くなって

いる)。イシゴニスは、自分は自動車雑誌をよく読むが、1939年当時はモーリス・マイナーの開発に没頭していた時期だったので、ポメロイが書いた記事を読んでいないとブラウンシュヴァイクに返信している。また、ポメロイと知り合いになったのは戦後だと言っている。さらに、ポメロイが『ミニ・ストーリー』を書いた時にも、彼から小型車構想の記事を書いたという話は聞いたことがなく、なぜ自分にその話をしなかったのか不思議だとも返信には書かれている。

　イシゴニスがポメロイの記事を本当に読んでいなかったかについては疑問が残る。というのも、本人が言っているようにイシゴニスは自動車雑誌を熱心に読む人だったし、1939年という年は、まだモーリス・マイナーの開発に没頭するには早すぎる時期だからだ。また、ローレンス・ポメロイに出会ったのは戦後だと言っているが、ポメロイは著書『ミニ・ストーリー』のなかで、1956年の時点でイシゴニスとは知り合ってすでに25年になると書いており、逆算すると二人が出会ったのは1931年頃ということになる。とはいえ、その『ミニ・ストーリー』を読めば、この本の著者のポメロイがミニのレイアウトの発明に関わっていないことは、はっきりとわかる。

3　"XC9003"の実験

ロングブリッジの実験施設

　ロングブリッジ工場はもともとオースティンの本拠地であり、さまざまな実験施設が備わっていた。またBMCのなかでも有能な熟練エンジニアたちがここに結集していた。小型車XC9003(後のミニ)の開発は、1956年の終わり頃に最優先プロジェクトとなったが、3年以内に完成させることが条件だったので、BMC会長のレオナード・ロードの指示により、イシゴニスのチームはロングブリッジのあらゆる施設を最優先で使用できた。

　これまでにも書いたように、イシゴニスの仕事のスタイルは、口頭でのコミュニケーションよりもスケッチによって自分のアイディアを伝えるという、独特のやり方だった。チームのメンバーたちは、スケッチが渡されると心を躍らせた。既成

ロングブリッジでスケッチをするイシゴニス（1965年撮影）。

概念にとらわれないイシゴニスのアイディアを実行可能な設計図へ、さらに試作車へと変えていくことが彼らの仕事であった。

　チームメンバーのシェパードは、イシゴニスが描いた小型車のスケッチをもとに1957年の早い時期に4分の1サイズの図面（全方向）を起こした。続いて、この図面から木工職人が2〜3日で木製モックアップをつくり、イシゴニスはモックアップのなかに座ってシートの位置を確認したり、サイズ、全体的なスタイル（形）を検討したりすることが可能になった。次に、実寸大のクレイモデルがつくられて、メカニカルコンポーネントを考慮に入れながら詳細が検討されている。さらに、このクレイモデルの表面にスティールを貼り、ペイントを施したり、ダミーのホイールを装着したりしながら検討が重ねられ、XC9003の詳細が着々と決定されていった。

　いったん詳細が決まると、今度は提案した基本的なコンセプトを示すために手作業で試作車をつくる。この時点で存在するメカニカルコンポーネントはまだエンジンしかないので、この作業にはかなりの労力が必要となる。シャシーとボディはゼロからつくられる。ボディパーツは、試作室の熟練工が木製治具を使って手作業で製作したという。また、部品を製造する部品試作室は24時間稼働しており、どのような部品でもつくることができた。イシゴニスのチームは、欲しい部品のスケッチや設計図を部品試作室に渡し、翌日出来上がった部品を受け

取りに行く。そして、すぐにその部品を試作車に取り付けてテストする。満足する結果が得られなければ、また同じ作業手順が繰り返され、必要な部品がすべて揃うまで続けられる。1957年には、年間を通してこの作業がひたすら続けられた。

　ところで、部品試作室の人たちの多くは、長年ロングブリッジで仕事をしてきた熟練の技術者であり、限られた時間内に仕事をすることには慣れていた。しかし、直接の会話よりもスケッチによって考えを伝えるという、イシゴニス独特の仕事のやり方には、なかなか馴染めなかった。チームメンバーのダニエルズ、シェパード、キンガムは、イシゴニスの素っ気なく、無愛想で独断的なやり方に適応することができたが、イシゴニスのことをよく知らない部品試作室の人たちのなかには、彼は他人の意見を聞かないワンマンな人で、また横柄な態度で同僚に接する人だと思った人も少なくなかったのだ。とりわけ口頭で伝えるのではなく、スケッチで伝えるというイシゴニス独自の手法には慣れていなかったので、いったい何を要求されているのか理解できずに途方に暮れる人もいれば、イシゴニスに反抗的な態度をとる人もいた。

　しかし、ドアポケットをつくったり、サイドウィンドウをスライド式にしたり、エンジンを普通とは異なる向きに取り付けるといった独特のアイディアに戸惑いを感じながらも、最終的には、部品試作室のエンジニアたちはイシゴニスの要望に応えたのだった。現代の製造工程ではこうした例外が入り込む余地はまったくなくなってしまったが、この時、もしエンジニアたちが柔軟に対応しなかったら、ミニは誕生しなかったかもしれない。

イシゴニスが最初にテストドライブ

　1957年2月には、まだ荒削りながら、最初の試作車がつくられていた。イシゴニスは開発が始まって最初となる、極めて重要なテストを自ら行ないたいと考えていた。かつてのモスキートとアルヴィスのプロジェクトでは、イシゴニスには自らハンドルを握る義務があった。だが、このXC9003ではイシゴニスは開発責任者であり、チームのメンバーにこのテストを命じることも可能であった。しかし、

開発が正しい方向に進んでいるかを見極めるために、イシゴニスはこの試作車を一刻も早く自ら試したいと思っていたのだ。

　ジャック・ダニエルズによれば、イシゴニスは特にサスペンションシステムを気にしていたという。だが、試作車はまだ極めて初期の段階にあり、テストをするにはもう少し時間が必要だとチームのメンバーたちは考えていた。しかし、どうしても試乗したいと言い張るイシゴニスをだれも思いとどまらせることはできなかった。テスト結果については、ダニエルズによれば「最初の試作車にかけた私たちの努力は、イシゴニスがわずか100m走行しただけで水の泡になってしまいました！」とのことで、やはりサスペンションに課題があった。そしてチームメンバーは、今度はもっと強いサスペンションの素材を使って、まだ初期段階にあった試作車を再びテストが可能な状態に戻さなければならなかったのだ。イシゴニスは自ら行なった一連のテストドライブについてアークライト社製のトレーシングパッド（スケッチブック）にメモを残しているが、それによると、この最初のテストドライブは1957年2月22日に行なわれている。

　2回目の2月25日には、もう少し長い距離のテストドライブが行なわれ、サスペンション、振動、エンジンに対する見解が書かれている。2月27日、28日、3月1日にもテストが実施され、その後、サスペンションのアーム、タペットクリアランス、シフトレバー、ステアリングコラムの位置の変更と、頻発するピッチングへの対策を命じている。さらに3月18日と19日にも試乗し、再び変更を指示している。そして3月21日には、改良された試作車で80mile（約130km）のロードテストが実施された。また4月15日には、ハーシュネス対策と、（FFにもかかわらず）オーバーステアの傾向があるため、テストを実施していると記されている。また、さらに日にちが進んだ7月17日のメモには、"現時点で、性能はA40とモーリス・マイナーの間にある。燃費はまだ検証されていない。現在、生産開始時期を検討中"と書かれている。

　イシゴニスは試作車を自ら運転してテストすることを好んだが、同時にあまり運転のうまくない人にテストしてもらうことも大切だと考えていた。自分が設計しているのは、普通の人が運転するクルマだということをよく認識していた

のだ。「よく物を壊す私の母のような人は、理想的なテスターですよ」と、イシゴニスは BMC の広報責任者だったトニー・ドーソンに話している。

レオナード・ロードの役割

　こうしてイシゴニス自らがテストドライブを重ね、小型車 XC9003 の開発は進んでいった。やがて BMC のトップのレオナード・ロードとナンバー 2 のジョージ・ハリマンが試作車に初めて試乗する日がやって来た。イシゴニスはアークライト社製のトレーシングパッド（スケッチブック）の他に、1957 年から 1958 年にかけてリング式の小型バインダー 2 冊に、プロジェクトの進行がわかる日誌を残している。その日誌によれば、レオナード・ロードの最初の試乗は 1957 年 7 月 19 日に行われたことが、次のように書かれている。

　"サー・レオナードが 4 気筒を搭載した XC9003 に初試乗。ミスター・ハリマンも試乗する。全体的によい印象を持ったが、プライマリーギヤ（注：エンジンとトランスミッションを繋ぐギヤ）がうるさいという指摘あり。試作車と一緒に屋外で木製のモックアップも見せ、市販化について正式に最終承認を得た。ボディデザインの詳細を進める。設計部門に治具製作のための設計図を渡す"

　このメモは、どの時点でロードがイシゴニスに生産に入る準備を指示したかを示す重要な資料である。ただし、先に書いたように、この 2 日前の試乗メモでイシゴニスは "現在、生産開始時期を検討中" と書き残していることから、この日、正式に XC9003 の市販化が承認されることは予想されていたのかもしれない。1957 年 7 月というのは、小型車プロジェクトが最優先になり、開始されてからまだ 8 ヵ月しか経っていない時期にあたる。イシゴニスはこのメモには客観的なコメントを書いているが、後にいくつかのインタビューのなかで、レオナード・ロードが試乗した時のことをもっと生き生きと語っている。それによると、イシゴニスが XC9003 の助手席にロードを乗せてロングブリッジの敷地内の道路を猛スピードで数周走った後、"クレムリン" の前で XC9003 をキーッと音を立てて止めると、ロードは少しふらつきながらこの試作車から降り、今では伝説となっている次の言葉を言ったという。「よし、このクルマを生産しよう！」

これはイシゴニス自身にとっても、重要な出来事であった。そして、そのことを本人も気づいていた。イシゴニスは長年、手頃な価格でありながら、もっと高額のクルマと同じくらい運転する喜びを感じられる小型車をつくりたいと考えていた。そして、ついにその夢が実現するのである。しかも、尊敬するレオナード・ロードがその小型車を認めてくれたのだ。ちょうどこの週には、単身赴任のイシゴニスが平日宿泊しているロングブリッジ近郊のホテルに、オックスフォードから母のハルダが訪ねてきて滞在していた。そこで、友人のマイク・パークス、親戚のメイの息子で当時オースティンの見習い工だったマーク・ランサムも誘って、皆で祝いのディナーを楽しむことになった。この時、イシゴニスは終始ご機嫌だったという。

　しかし、その一方でイシゴニスは後年、この頃の胸の内を次のように明かしている。

　「私はよく怖くて眠れない夜を過ごしたものでした。私たちがやろうとしていることが正しくないと思って怖かったのではなく、他の人々が私たちのしていることを正しくないと思うことが怖かったのです。多額の投資に対する責任感、大勢の人の仕事上の立場が懸かっているという責任感、このプロジェクトのために決断をしなければならない人たちの評判など、この頃の私は、それまで感じたことのない恐れと不安を抱いていました。レオナード・ロードが、『よし、このクルマを生産しよう！』と言った時、私は恐怖に襲われました。『この段階の試作車に試乗して、そのクルマを実際に量産しようと決断するなんて、まったく無茶なことです』とサー・レオナードに伝えたほど、私は強い恐怖感に襲われていたのです」

　レオナード・ロードの支持と承認は、このプロジェクトの完遂のために極めて重大だった。このプロジェクトをバックアップし、ロングブリッジ工場を100%結集させることができる人物は、レオナード・ロードの他にはいなかった。というのも、これまでのように実験部門の人たちからいつでも最優先で協力を得られるのみならず、今後は製造に必要な設備を準備するために、莫大な資金の割り当てが必要になるからだ。プロジェクトの目標と導入スケジュールを決めるのはイシゴニス

ではなく、ロードだった。ロードはイシゴニスの実行力を信じていた。今なら、それは先見の明があったといえるが、当時の社内では、自動車業界の常識では耳を疑うような厳しいスケジュールで、極めて革新的な小型車を導入しようとするのは非常にばかげており、成功するはずがないと考える人も少なからずいたのだ。

　ある時、イシゴニスとキンガムがロングブリッジの敷地内で試作車を試乗していた時、レオナード・ロードが運転する大型サルーンとすれ違った。ロードはイシゴニスたちに気がつくとクルマを止めてウィンドウを開け、イシゴニスにもクルマを止めるように合図した。もしかしたら、開発中の小型車に褒め言葉をもらえるのかもしれないとイシゴニスは期待したかもしれない。しかし、残念ながらそうではなく、ロードはイシゴニスに厳しい口調でこう言った。「そのクルマを私の目の届かないところへ持って行きなさい」

　イシゴニスはこのあと数日間、「あれはいったいどういう意味だったのだろう？　サー・レオナードはこの試作車が気に入らないのだろうか？」と気にしていたという。チームメンバーのキンガムとデザイナーのブルジは、レオナード・ロードは単純に、開発中のクルマが人目につきすぎていると指摘しただけだろうとなぐさめた。このエピソードから、イシゴニスはロードを自分の上司として崇め、意見に従っていたことがわかる。

　また、このエピソードからもうひとつ推察できるのは、この新型車に関する大きな決定を下すのは、イシゴニスではないということだ。だからこそ、イシゴニスはロードの反応を気にしていたのだろう。実際、イシゴニスは1957年7月19日のメモで次のように書いている。"サー・レオナードは950ccのエンジンを採用すべきだと考えている"。さらに、7月24日にはこう続けている。"シドニー・V・スミス（技術統括責任者）は、800ccを搭載すべきと私に話す"。そして7月31日には、"1957年7月30日現在、950ccエンジンをサー・レオナードとミスター・シドニー・V・スミスが承認する見込み"と書いており、さらに1957年8月1日には、"サー・レオナードが850ccと決定"と記している。つまり、最終的な決定権はレオナード・ロードがもっていたことがわかる。どのエンジンを搭載す

るかを決定したのもイシゴニスではなく、ロードと技術統括責任者のシドニー・V・スミスである。エンジンの排気量がなかなか決定しなかったのは、ファミリーカーと設定しようとしているクルマとしては、性能が高すぎるのではないかという懸念が背景にあったようだ。いずれにせよ、最終的には技術統括責任者のシドニー・V・スミスに相談してレオナード・ロードが決定しており、イシゴニスが決定したのではない。

ポメロイにも小型車設計案を依頼

　実は、レオナード・ロードはイシゴニス以外にも、小型車の設計プロジェクトをある会社に依頼していた。それは、イギリス中部のダンスタブルという工業都市を拠点にしていた"イングリッシュ・レーシング・オートモビルズ（ERA）"という会社だったが、そこで設計を担当していたのは、なんとローレンス・ポメロイであった。すでに書いたように、ポメロイはイシゴニスの友人であり、後にイシゴニスに頼まれて『ミニ・ストーリー』を書いた人物である。ERA は 1934 年にレーシングカーのメーカーとして設立されたが、1950 年代初期になると、大手自動車会社に専門調査結果を提供するコンサルタント会社になり、1958 年には社名も"エンジニアリング・リサーチ・アプリケーションズ（ERA）"に変更される。ポメロイが、ERA のデービッド・ホドキンと一緒にこのプロジェクトに関わっていたことは、『ミニ・ストーリー』にも書かれている。ポメロイはこの本のなかで、"サー・レオナードはイシゴニスと私の二人に向かって、計画中の小型車については絶対に議論をしてはならないと言った"と書いている。そして"プロジェクト・マクシミン"が ERA から提案され、BMC 副会長のジョージ・ハリマンと技術統括責任者のシドニー・V・スミスに提案された。この資料は現在、ブリティッシュ・モーター・インダストリー・ヘリテッジ・トラスト（BMIHT）のアーカイブ室に保管されているが、それを見ると ERA が二人の BMC 幹部に提案を行なったのは、1959 年 6 月 25 日であったことがわかる。

　しかし、この時すでにイシゴニスの設計した小型車は生産を開始されており、発表まであと 2 ヵ月という段階にあった。ERA がこのプロジェクトを開始したの

は 1956 年 1 月で、この時、初期契約が結ばれている。つまり、ポメロイに依頼されたプロジェクトは、イシゴニスの XC9003 よりも早い時期に、"最先端エンジニアリング"の小型車開発案として採用される可能性があったといえる。というのも、イシゴニスは 1956 年 1 月にはまだ小型車の開発に着手していないからだ。しかし、レオナード・ロードは最終的には小型車の開発をイシゴニスに任せると決定するが、どうやらその時点でわざわざ ERA にそのことを伝えなかったようだ。それにしても、ERA が取り組んでいたリヤエンジンの 4 座の小型車"マクシミン"の開発スケジュールは、奇妙なほどイシゴニスの XC9003 と重なっている。最初の試作車が完成したのは 1957 年 3 月であるし（XC9003 は同年 2 月）、また集中的な走行試験が 1958 年の間ずっと行われた点も共通している。

　ERA のプロジェクトにかかったコストは、決して安くはない。ERA の提案する新型車には新エンジンが企画されていたし、BMC に資料を提出した時点ですでに 2 台の試作車が完成していた。3 台目の試作車もつくっている途中だったし、また 2 台の試作車にはテストプログラムが実施されていた。それにしても、もうひとつのプロジェクトにレオナード・ロードが、これほど多額の費用を使ったことは驚きである。イシゴニスのチームがロングブリッジの施設の利用と人的協力を最優先で得られる状況にあり、また ERA には状況の変化が知らされなかったことを考え合わせると、この ERA 提案の新型小型車が公式プログラムとして採用される見込みはほとんどなかったであろう。

4　"ADO15"のテスト

"XC9003"から"ADO15"へ

　1957 年 7 月後半に BMC 会長のレオナード・ロードが XC9003 の試作車に試乗してゴーサインを出した時、このモデルにはまだテストがほとんど実施されていなかった。通常ならば、実験から生産へと段階が移るまでにはもっと長い時間をかけるが、この XC9003 の場合は導入までの期間が非常に短く、時間の余裕はまったくなかった。そこで、特に時間がかかるボディ関連の機械設置を先立

って一部開始することになった。BMCは目標とする導入時期に間にあわせるために、リスクを取らざるを得なかったのだ。

　開発は次の段階へ進み、イシゴニスのチームが作成した設計図をすべてのパーツの指示が含まれた完全な設計図へと置き換える作業が始められる。2,500点にもおよぶコンポーネントの図面を小さなチームでつくることはできないので、ようやくこの段階で製図部門が関わることになった。この仕事を担当するチームがつくられ、コードネームXC9003は、ADO15という正式な開発コードになった（ADOは"Austin Drawing Office"の頭文字で"オースティン製図事務所"の意味）。この時期、イシゴニスのチームのジョン・シェパードは2種類の仕事をしていた。ひとつは試作車に関わる設計図を実験部門に渡す仕事で、もうひとつは実験部門から製図部門へと情報を移動させる仕事である。

　イシゴニスは、製図部門の人たちと直に話すのを嫌がった。自分のチームのメンバー以外の人たちと直接仕事をすることが苦手だったのだ。特に自分が批判されていると感じる時はそうだった。それで、製図部門へ行く必要がある時には、ジャック・ダニエルズを連れて行き、特にダニエルズに話しかけるというやり方で相手に自分の意思を伝えようとした。しかし、このようなやり方をしたために、製図部門の人たちは、自分たちはイシゴニスに軽視されていると思ってしまったのだ。実験部門では、イシゴニスに対して肯定的な見方をする人もいれば、否定的な見方をする人もいたが、製図部門の人たちは例外なく、イシゴニスのことを高圧的で傲慢だと思ってしまい、彼の行動はすべて否定的に受け止められた。たとえば、製図部門の人たちが帰宅した後でイシゴニスがこの部署にやって来て、「明朝、この製図について話したい」などと書いたメモを製図担当者に残すと、それを翌朝見つけた担当者は苛立ちを覚えたという。"イシゴニス"という名前は変わっているので、これをもじってニックネームがつくられることがよくあった。イシゴニスのチームの人たちは彼を"イッシー"と呼んでいたことから、実験部門で働く職人たちはイシゴニスのことを"イッシーゴンイェット（Issygonyet）"と呼んでいた（"イシゴニスはもう帰ったか？"の意味）。しかし、なんといってもいちばん有名なニックネームは、"傲慢な"という意味の"アラガン

ト（arrogant）"とイシゴニス（Issigonis）の合成語、"アラゴニス（Arragonis）"である。

　時間の余裕がまったくないなかで計画を達成するためには、どこまでが実験段階で、どこからが最終設計かという境界線がはっきりしないほどの速さで、開発作業を進めなければならなかった。つまり、実験段階の製図を瞬く間に最終設計の製図に変えていく必要があったのだ。

試作車の集中テスト

　製図部門の人たちが正式な図面を起こしている間に、イシゴニスのチームは試作車のテストを急ピッチで行なった。レオナード・ロードが試乗し、量産が決定した段階では、2台目の走行可能な試作車がつくられていた。そこで、ジャック・ダニエルズは小さなテストチームをつくった。そのメンバーはこのプロジェクトに関わった人のなかから選び、テストは夜間に実施されている。試作車の1台目のボディカラーは明るいオレンジで、2台目は鮮やかなレッドだった。また2台ともルーフの色が黒で、ウエストラインにはクリーム色のストライプがぐるりと一周入っていた。独特のデザインと派手なボディカラーから、エンジニアたちはこの2台の試作車を"オレンジ・ボックス"と呼んでいた。新型車だとわからないように、オースティンA35のグリルを装着して偽装を試みたが、あまり効果はなかったようだ。

　当初のテスト走行は、オックスフォード近郊のスタッドハンプトンとチャルグローブの間にある小さな飛行場内で行なわれ、外周路を秘密裏に走っていた。ダニエルズは時速72mile（時速115km）を基準速度とするようテストドライバーに指示し、実験部門の一人のエンジニアを監督とした。初期のテストでは、暫定的に取り付けられた相互連結サスペンションに特に注意が払われていた。チャルグローブのサーキットの路面はひどく荒れていたため、そのおかげですぐにいくつかの課題が判明した。対応策として、イシゴニスはサブフレームの採用を決定する。サブフレームを組み付けて負荷を分散することで、問題は修正された。また、小型タイヤの耐久性も試験され、エンジンとトランスミッションオイルの常識を超えた消費

XC9003の初期試作車のうちの1台。その派手なボディカラーから、"オレンジ・ボックス"と呼ばれていた。オースティンA35のグリルをつけて偽装を試みるも、効果はなし。

も確認された。さらに燃費も注意深く監視されている。また、水漏れも問題として確認されている。この他のテストとしては、コーナリング走行での安定性も試験が実施された。

　最初の2台の試作車は、エンジンはキャブレターが前方に搭載され、またバッテリーはエンジンコンパートメントに置かれていた。しかし、テストの結果、次の試作車では変更されることになる。まず、バッテリーはトランクに移され、より適切な重量配分になった。またエンジンは、180度回転させてキャブレターを後ろ側に向けて搭載することに変更される。その理由について、ダニエルズは以下のように話している。

　「寒さでキャブレターのアイシングが起きることが問題のひとつでした。最初、横置きエンジンは、キャブレターが前側に来る置き方になっていたからです。しかし、問題はそれだけではありませんでした。トランスミッションのケースは新たにつくられたものでしたが、トランスミッションの動作は基本的には標準のものでした。エンジンをキャブレターが前側に来る置き方で搭載すると、トランスミッションの回転力は、ピニオンギヤを介して、トランスミッションのメインシャフトについている大型で重い減速ギヤへと伝わります。このギヤの慣性が、シンクロメッシュのメカニズムと問題を起こしたのです。当時のシンクロメッシュは、まだ性能がよくありませんでしたから。とにかく何らかの対応をしなければなりませんでした。そこで、エンジンの搭載方向を180度変更し、また2つのギヤから3つのギヤに

変更することになりました。この3つのギヤはとても小型です。このようにギヤの数を増やして小型化する変更をしたことで、エキゾーストシステムもフロントからリヤへと、もっと容易に通るようになりました。それと、もうひとつお伝えしておきたいことがあります。ずっと後になって、エンジンの方向の違いを比較する機会があったのですが、180度向きを変えてもキャブレターの温度は1℃しか変化しないことがわかったのです。ですから、エンジンを180度回転させた理由として、キャブレターにアイシングが起きるからというのは、実は正当な理由ではなかったわけです」

　この初期のテスト走行によって、設計の基本的な考え方は理にかなっていると判断され、さらに11台の試作車がつくられた。新たにつくられた試作車には構造と素材についても細かい調整が行なわれていたが、当初予定していた仕様から大きく変更されたのは、前述のように、サブフレームの設置とエンジンの搭載方向の2点だけであった。

　新たな試作車を走らせ、テストチームはさらなる長距離テストを実施した。ロングブリッジ工場が一日の仕事を終える時間帯まで待ち、夕方の早い時間に実験室から試作車を出し、翌早朝、ロングブリッジが活発的に動きだす前に戻って来る。当初はコッツウォルズの周辺を100mile（約160km）走行していたが、その後はロングブリッジの近くのリッキー・ヒルズを抜けてウェールズの山々を走行した。そして数ヵ月長距離走行を続けた後、ダニエルズは日々進歩するADO15を北フランスの荒れた道路でテストしようと計画する。この頃ダニエルズはラバーコーンサス

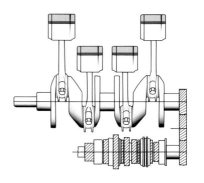

エンジンの搭載向きを180度変更しただけでは、前進1速／後退4速となってしまうので、回転を逆にするアイドラーギヤ1個が追加され、エンジンと変速機を結ぶギヤ数は原型2個から3個へ。ダニエルズによれば、原型2個のギヤは大型だったために問題を起こしていたが、このイラストの右端に描かれているように"3個の小型ギヤ"に変更することで、その問題も解決した。

この試作車にはスライド式ウィンドウはすでに備わっているが、トランクリッドは未完(1958年撮影)。1957年10月にソ連が打ち上げた史上初の人工衛星にちなみ、試作車の愛称は以後"スプートニク"に。人工衛星が地球の周りを公転するように、この小型車も世界を駆け巡ってほしいという願いがこめられていた。

ペンションの開発に取り組んでいたので、このサスペンションを試すよい機会だとも思っていたという。チャールズ・グリフィン(当時はカウリーの実験開発チーフエンジニア)とジル・ジョーンズ(ロングブリッジの実験開発チーフエンジニア)も一緒に出かけることになった。グリフィンはこの時、当時ジャガーのエンジニアで、かつてイシゴニスのハンバー時代の同僚だったビル・ヘインズに頼んで、ヘインズが個人的に所有するジャガーをこの旅のセカンドカーとして借りたという。ジャック・ダニエルズは往路でADO15のラバーコーンサスペンションをテストし、帰路はこのジャガーでゆったりと帰って来たいと思っていた。

イシゴニスのチームには、情熱と興奮があふれていた。何か特別なものに関わっていると、チームのメンバーひとりひとりが感じていたのである。

量産試作車の海外テスト

1958年3月までに、5台の量産試作車が生産された。この5台は小さな作業場で個別につくられたが、実際の生産工程のパーツと同等のコンディションの標準パーツが取り付けられた。また、ボディカラーは5台とも異なっており、ライトブルー、ダークブルー、レッド、グリーン、グレーだった。それぞれが異なる分野のパフォーマンスを試験されることになり、特別なテストプログラムが実施されている。まず、バーミンガム近郊の性能試験場でテストを行ない、その後、1958年

10月にはロードテストを実施するためにスペインへ旅立っている。

　この旅のリーダーは、クリス・キンガムだった。テストドライバーは、これまでADO15を運転したことのない人、または何か関わりのあった人の両方から慎重に選ばれている。初日の終わりにテストドライバーたちはミーティングを行ない、気づいた事柄を伝えた。そのミーティングが終わると、キンガムはイシゴニスに手紙で報告しているが、これを見たイシゴニスは喜んだに違いない。いくつか問題も報告されてはいるものの、設計の基本に関わる問題ではなかったからだ。その内容は、シートとペダル位置が良くない、ベンチレーションが十分でない、大雨の際のひどい雨漏り、リヤの視界の悪さ、ボディからのノイズなどである。キンガムは報告書のなかで、機械的な問題はほとんどなかったこと、またテストドライバーたちの反応が肯定的であることを、イシゴニスに次のように伝えている。

　"ADO15がテストチームのメンバーのひとりひとりから高く評価されているのは確かです。その理由は、パフォーマンスとハンドリングが素晴らしいからです。不満点や問題点が挙がっているのは、テストドライバーのほぼ全員がこのクルマを気に入っている証拠でもあります"

　どうやらこの報告書は、熱心に書かれた力作のようだ。

5　"ADO15"の生産準備

イシゴニスのメモと『ミニ・ストーリー』の相違点

　これまで本書に何度か登場しているローレンス・ポメロイには、『ミニ・ストーリー』という著書がある。それによれば、レオナード・ロードがXC9003（後のミニ）に初試乗したのは"1958年7月"と書かれている。この本はイシゴニスに頼まれてポメロイが書いた本であり、その内容についてはイシゴニスが協力している。

　以下は『ミニ・ストーリー』からの引用である。

　1958年7月にサー・レオナードが初試乗したのはこの"オレンジ・ボックス"という愛称で呼ばれていた試作車だった。それはサー・レオナードが小型車の試

作を命じてからおよそ15ヵ月後、設計が完了してから12ヵ月後、テスト走行に入ってから9ヵ月後のことで、すでにこの試作車は30,000mile（約48,300km）近く走っていた（中略）。ロングブリッジの敷地内を5分ほど試乗して帰ってきたサー・レオナードは、おそらく彼の一生で最大の決定を下した。イシゴニスに向かってサー・レオナードはこう言ったのだ。「アレック、まさにこのクルマだ、私がつくりたいと思っていたのは。12ヵ月以内に生産を開始しよう」。驚いたイシゴニスは「サー・レオナード、それには莫大な費用がかかります」と、とっさに答えた。すると、サー・レオナードはいかにも彼らしく、「そんなことは心配しなくていい。小切手にサインするのは私なのだから。きみはただ良いクルマに仕上げなさい」とさらりと言った。

ポメロイの記した"1958年7月"というレオナード・ロードの初試乗の時期には、不可解な点がある。というのも、先に書いたように、イシゴニスが残した手書きのメモでは、これより1年前の"1957年7月"と書かれているからだ。ポメロイが書いているのはレオナード・ロードの2回目の試乗ということもあり得る。しかし、"1958年7月"には、初期につくられた"オレンジ・ボックス"と呼ばれる試作車の他に、11台の試作車と5台の量産試作車が存在しており、なぜわざわざこの時期に、初期の試作車にロードが試乗したのかという点も疑問である。『ミニ・ストーリー』に書かれている"試作を命じてからおよそ15ヵ月後、設計が完了してから12ヵ月後、試験走行に入ってから9ヵ月後"という記述をもとに逆算してみると、開発は次のように進められていたことになる。

※『ミニ・ストーリー』による開発の進行
1957年3〜4月　試作開始（小型車の開発開始）
1957年7月　　設計完了
1957年10月　　試験走行が開始
<u>1958年7月</u>　　レオナード・ロードが初試乗し、市販化が決定
1959年8月　　発表

第2章 「ミニ」の誕生

　つまり、『ミニ・ストーリー』によれば、ミニはプロジェクト開始後、2年5ヵ月ほどで発表されたことになる。

　しかし、これはイシゴニスの手書きのメモの日付とは一致しない。ここでもう一度、メモにしたがってこれまで述べてきた開発の進行をたどってみたい。まず、1956年11月に、先に手がけていた大型車（XC9001）と中型車（XC9002）よりも、小型車（XC9003）の開発を優先するとレオナード・ロードが決定し、開発が始まる。

　次に、1957年2月に極めて初期段階の試作車がつくられる。イシゴニスが自ら運転し、1957年2月から3月にかけてこの試作車のテストを行なう。その後、改良変更が行なわれ、1957年7月19日にロードとハリマンが試乗し、市販化が決定する。また、この直後にエンジンは850cc（注：正式数値は848cc）と確定する。さらにその1年後、レオナード・ロードはミニの発表を1959年8月に行なうと最終決定している。つまり、プロジェクト開始から発表まで、2年9ヵ月ということになる。

※イシゴニスのメモに書かれた開発の進行

1956年11月	小型車プロジェクトが最優先になり、開発開始。
1957年2月	極初期段階の試作車がつくられる。
1957年2月～3月	イシゴニス自身が運転してテスト。
<u>1957年7月</u>	レオナード・ロードが初試乗し、市販化が決定。
	この直後にエンジンは850ccと決定。
1959年8月	発表。

　このように整理してみると、実はADO15の開発期間は一般に伝えられてきた期間よりも4ヵ月ほど長かったことがわかる。とはいえ、2年9ヵ月という開発期間は、新型車の開発として極めて短期間であることになんら変わりはない。

　レオナード・ロードの意向により、この小型車の開発は3年という極めて短期

間に完成させなければならなかったが、これには犠牲が伴った。このように開発期間が短かったことが初年度の生産にどのような影響を与えたのか、これから見ていきたい。

生産ラインの準備

　製造部門の責任者は、かつてウーズレーで働いていたジェフリー・ローズという人物だった。ローズは、1946年にウーズレーにいた時にイシゴニスと最初に出会っている。ウーズレーもかつてのモーリスを中心とするグループ、"ナッフィールド・オーガニゼーション"のなかのひとつであった。オースティンとナッフィールド・オーガニゼーションが合併してBMCが設立された後の1954年に、ローズは製造部門の責任者としてロングブリッジに移っていた。ADO15の導入が1959年8月と決定されたと聞いて、ローズは驚く。また、週に3,000台生産という数字にも目を見張った。これは、当時としては極めて大きく、積極的な台数だったからだ。しかもADO15はまったくの新型モデルなので、マーケットがどのように受け止めるかという点についての予測が難しい。このような状況においては、この数字はなおさら大胆な生産目標だとローズは感じていた。

　当初の予定では、BMCはボディパネル工場として、バーミンガムに近くて利便性の良いキャッスル・ブロムウィッチにある既存工場を拡張して使い、ボディパネルのほぼすべてをこの工場から調達しようとしていた。しかし、当時のイギリスでは、既存の工場を拡張する際には、国の機関に申請して許可を受けなければならなかった。そもそもこの規制は、産業が衰退している地域を救済するためのものだったので、自動車産業で中心地であるイングランド中部地方の既存工場が、拡張の許可を得ることは非常に難しかった。そこでBMCは、ボディパネル工場をウェールズに新設する。つまり、最先端のプレス技術が必要となるパネルはこの新設工場から調達し、その他のパネルは既存工場から調達することになったのだ。結局、パネル工場をひとつに絞ることはできなくなってしまった。

　またADO15の生産は、ロングブリッジ工場とカウリー工場の両方で行なうと決定する。しかし、ロングブリッジの方がカウリーよりも生産能力が高かったため、

第 2 章 「ミニ」の誕生

その割合は 1 対 1 ではなかった。そのため、オースティンのロングブリッジ工場ではオースティンバッジの ADO15 を、またモーリスのカウリー工場ではモーリスバッジの ADO15 を生産するという、シンプルな方法で生産を行なうことはできなかった。後にカウリー工場での生産が終了する 1969 年まで、二つの工場ではオースティンとモーリスの両方の ADO15 が混在して製造されることになる。

ところで、当時の工場は、当然のことながら当時の標準的なモデルの生産に最適化されていた。したがって、ADO15 のように革新的なアイディアで設計されたクルマの製造には、生産ラインにも新たな対応が必要になる。たとえば、エンジンを横置きに搭載し、トランスミッションをその下に取り付けるには、まったく新しい設備が必要になる。また新しいボディシェルの構造のため、作業員は新しい溶接技術を学ばなければならなかった。つまり、初期には通常の新型モデルよりも費用も時間も必要になるのだ。後に ADO15 のレイアウトは小型車の世界標準になるが、世界初のレイアウトを持つ革新的な新型モデルを製造するために、BMC はその生産準備段階でいくつもの困難を乗り越えなければならなかったのである。しかも、ADO15 の導入までに、時間の余裕はまったくなかった。

ADO15 の生産準備には、ジェフリー・ローズの他に、二人の設備責任者が携わっていた。一人はロングブリッジのハロルド・クロス、もう一人はカウリーのレスリー・フォードであった。彼らはジェットコースター並みの猛スピードで生産準備を行なおうとしていたが、それを近くで目撃していた人物がいる。当時、若手の生産技術者だったピーター・トゥーティルである。トゥーティルは、1955 年にカウリー工場の工程技術セクションに加わり、レスリー・フォードの部下として働いていた。この頃、トゥーティルの日々の仕事の大部分は、カウリー工場のラインの設備準備であり、上司のレスリー・フォードから革新的な ADO15 を担当するよう命じられていた。そして、この任務の遂行にあたり、いくつか興味深い体験をしている。

最初にトゥーティルが行なわなければならなかったのは、ADO15 の設計レイアウトを手に入れ、どのような設備が必要になるか予測し、計画を立てることだった。しかし、正式ルートであるロングブリッジの設計部門を通してイシゴニスの

チームから設計レイアウトの入手を試みたものの、これにはかなりの時間がかかるとわかった。そこで代わりの方法として、カウリーの設計部門の担当者が、ADO15の全長にあたる長さ10feet（約304cm）のアルミのシートに設計レイアウトを描いて進めることになる。このアルミに描かれたレイアウトをもとに、トゥーティルは必要な情報を得ることができた。しかしこの時、レイアウトを描いた設計部門の二人の担当者は、ずっとパイプを吸いながら作業を行なったので、アルミのシートはタバコの灰で真っ黒になってしまったという。

　次にトゥーティルは、ADO15の試作車1台を1週間、ジャック・ダニエルズから借りて、数名の生産技術者とともに、この試作車のパーツをすべて取り外し、再び組み立てるという作業を実際に行なってみた。これによって、どのような生産工程が必要になり、またクルマの前後、左右、または下から作業するためには何箇所の作業場が必要になるのか、見込みを立てたのである。この時借りた試作車のエンジンは、まだキャブレターが前方に向いて搭載されていた。

　1958年も後半になると試作車の開発はかなり進み、12月にジャック・ダニエルズは1台のADO15をカウリー工場の設備責任者のレスリー・フォードに送っている。その試作車には、次のようなメモが添えられていた。"このクルマは現時点での最新です"。試作車はトゥーティルに渡された。前述のように、トゥーティルは以前にもADO15の試作車を検証しており、この時は2度目である。そして、組み立てラインの設計をシミュレーションしていた時、なんと驚いたことに、この最新の試作車は、以前の試作車とはエンジンの搭載方向が180度変わっていることに気がつく。これは一大事だった。ボディを高い位置から下ろしてサブフレームと合体させる工程のために、彼がすでに考案した方法に大きな問題となる変更だったからだ。すぐに上司のレスリー・フォードに報告すると、フォードはロングブリッジの設備責任者のハロルド・クロスと相談し、しばらく頭を悩ませていたが、解決策は見つからなかった。そこでフォードとクロスは、イシゴニスとダニエルズに打ち合わせをしたいと連絡をとる。当時、イシゴニスは毎週金曜日にはカウリーで仕事をしていたので、打ち合わせは金曜の午後にカウリーで行なわれることになった。この打ち合わせの場でフォードとクロスは、現状のままでは動いて

いるライン上に高い位置からボディを下ろす工程が非常に複雑になり、安全に作業が行なえないと、実演もまじえてイシゴニスとダニエルズに説明した。そして、イシゴニスから何か有益な回答が返ってくることを期待して待った。

「私の仕事はクルマの設計なのです。どうやって組み立てをするか、それはあなた方の仕事でしょう。私たちは何の変更もできません」。これが、その答えだったのである。

しばらく沈黙が起き、その後、ハロルド・クロスがこう言った。「その言葉にはがっかりしました。レスリー・フォードと私にはまったく選択肢がない状態なのですよ。どうしようもありませんから、月曜日にわれわれの上司に、このクルマはカウリーでもロングブリッジでも製造できないと報告する他ないでしょう」。

一瞬、また沈黙が訪れた。だが、すぐにジャック・ダニエルズは平然とポケットに手を入れ、パイプを探し始めた。彼には、もう次の展開がわかっていたのだ。案の定、イシゴニスはダニエルズの方を向いて、怒った声でぼそぼそと「きみは、この人たちの希望をかなえてやれ……」と言った。それから、だれに話しかけることもなく立ち上がり、くるりと背を向けると、すたすたとその場を立ち去った。一瞬、クロスは呆然としたが、すぐにダニエルズに「今、イシゴニスは何て言ったのだ？」と訊ねた。

ダニエルズは、問題の解決を請け負った。いくつかの変更を施した結果、動いているライン上で、ボディを下ろす作業が安全に行なえるようになった。そして、イシゴニス以外の全員が、これを喜んだ。

このエピソードからは、難題が起きた時でもイシゴニスはこのような態度をとり、開発と生産の間で必要な歩み寄りを受け入れようとしなかったことがわかる。問題の背景には、イシゴニスがすべてのコントロールを自分がしなければならないと思っていたところにある。イシゴニスは、生産技術者たちに自分の設計に対して根本的な変更を要求する機会を与えたくなかったのだ。イシゴニスと生産技術者たちの関心は、まったく違うところにあった。イシゴニスは自分の設計を100％維持しようと固く決意し、一方、生産技術者たちはどれだけ容易に製造できるかという点だけに関心があり、どちらも相手が重視している事

ロングブリッジのデザインスタジオでADO15の検討を重ねるジャック・ダニエルズ（左）。ダニエルズはいつもパイプをくわえていた。右側にはモーリス・マイナーとオースティンA35のスケッチが見える（1959年撮影）。

柄には興味がない。つまり、イシゴニスは生産技術者たちをできるだけ長くプロジェクトには関与させず、生産工程で課題に対処してもらえばよいと考えていたのだ。しかし、この状況は双方にとって利益にならなかった。

とはいえ、イシゴニスは、生産工程のことをまったく考慮に入れていないわけではなかった。その証拠に、ADO15の組み立てが低コストで簡単に、しかも実用的に行なえるようにと、設計の段階でかなりの時間をかけて検討を行なっている。そのひとつの例として、いくつかの溶接ラインがクルマの外側に表れている点が挙げられる。また、イシゴニスは次のような発言もしている。

「ミニのように新しい概念のクルマをマーケットに導入するには、長い時間を必要とします。それは普通とは大きく異なるクルマだからです。技術的な課題を乗り越えるのに時間がかかると言っているのではありません。時間がかかるのは、最初の段階で一緒に設計に取り組む同僚にアイディアを伝えることです。そして最後に、実際の生産段階で、さらに大きな課題に取り組むことになります。この段階では、プロジェクトに関与する人の数が、突然大幅に増えます。サプライヤーの対応もしなければなりません。どんなことをしてほしいのかを理解してもらう必要があります。こういう具合にやるのであって、ああいう具合にやるのではないと理解してもらわなければならない。こういったことをすべてやり終えたら、次に生産工程上の課題に取り組みます。私は物理的に各々の作業

者と直接対応することはできませんが、生産部門の責任者たちとは密に関わっています。この段階では、生産工程上の課題を解決する取り組みはまだ始まったばかりで、さらに難しい局面を迎えていきます。そして最終的には、深く関与するにしたがって、問題も解決されていくのです」

　クロスとフォードがイシゴニスのことを非協力的と思った前述の一件の他にも、生産工程には問題が存在していた。たとえば、ボディパネルの塗装の下塗りは、ロングブリッジは"ローターディップ"という方法で、カウリーは"スリッパーディップ"という方法で行なっていたが、このように二つの工場で、異なる方法や治具を使ったことで問題が起きている。こうした違いによって、製造が複雑になり、また余分な製造コストが発生する原因にもなった。

　いったいなぜ、このように二つの工場で生産を分けることになったのであろうか。それは、オースティンとモーリスがそれぞれ合併前の会社の体制やブランド・アイデンティティに頑固にしがみついたからである。このような方法は、結果的にBMCに多額の費用がかかり、ひいては会社の存続にも影響を与える重要な問題であると認識することが、残念ながらできなかったのだ。BMCでは同様の問題が他の部署でも起こっており、生産工程で起きた問題は、そのひとつの事例にすぎない。

初期生産の不具合

　厳しい日程のなか、1959年4月3日にロングブリッジ工場でオースティンのバッジをつけた1台のADO15がラインオフした。すぐに総合テストが行なわれ、5ページにもおよぶ多数の不具合の報告書が作成された。その多くは単純に取り付けの不具合で、ドアとリヤのナンバープレートの付近からのノイズ、ネジの緩みによるサンバイザーの落下、燃料ポンプの取り付け位置の間違いが報告されている。また、ラジエターの取り付け位置が高すぎたり、アクセルペダルが短すぎたり、調整が不適切なために方向指示器が自動的にキャンセルされなかったりする不具合もあった。この他、スペックの間違いも起きていた。しかし、これらは比較的小さな問題といえる。もっと深刻だったのは、機械的な不具合だった。ク

ラッチは切れなかったし、ステアリングコラムは取り付け位置が悪かった。ギヤからはきしみ音が聞こえたし、ハンドブレーキは右側のタイヤにしか作動しなかった。とはいえ、当時のBMCでは新型車の初期生産でたくさんの不具合が見つかるのは、めずらしいことではなかった。同様のテストがカウリー工場でも行なわれ、初期にこの工場で生産されたADO15もやはり同じような結果が判明する。ロングブリッジでもカウリーでも、不具合の見つかったADO15は、対応のためにすぐにラインに戻された。

　それらの問題を診断して適切な解決方法を指示するために、テストは1959年の夏中ずっと続けられた。イシゴニスは無数の社内メモと議事録を受け取っているが、実際に対応にあたったのはジャック・ダニエルズとチャールズ・グリフィンだった。ここでも現場との意思疎通には苦労があった。彼らが受けた不具合状況の報告内容は必ずしも十分とはいえなかったし、逆に指示を与える側の説明が十分でなかった場合もあった。また、職人の仕事の荒さが問題を発生させた

ロングブリッジ工場の初期の生産ライン。ADO15の生産はカウリー工場でも行なわれていたが、どちらの工場にもモーリス・バッジとオースティン・バッジのADO15が混在して製造されていた。男性の工員はセーター、女性の工員はスカート姿で作業をしている（1959年頃撮影）。

第 2 章 「ミニ」の誕生

ケースもあった。

　イシゴニスのチームのジョン・シェパードによれば、ボディ担当の職人がペイント作業を行なっていた時に乱暴にドアを開けたためにヒンジの可動範囲を超えてしまい、その結果ボディパネルがへこんだという事例もいくつか報告されていたという。組立工が"ちょっとしたコツ"を心得ていれば解決できると、ダニエルズは何度もアドバイスすることになった。また、カウリー工場の方が、適切な理解が不足していたために発生した問題の数が、ロングブリッジ工場よりも多かった。

　しかし、この時点で、もうひとつ大きな問題が発生していた。正式な生産がすでに始まっていたにもかかわらず、すでに終えているべきはずのテストプログラムがまだ終了していなかったのだ。試作車と初期生産車の両方が、テストのためにイギリスの性能試験場と一般道に送り続けられていた。また、ジャック・ダニエルズとジル・ジョーンズ（ロングブリッジの実験開発チーフエンジニア）は、1959 年 6 月から 7 月にかけて、スカンジナビア経由で北極圏を走り、その後ヨーロッパ主要各国へ向かうというルートで、最終長距離テストを実施している。このヨーロッパでの長距離テストは、ADO15 のテストの最終段階であると同時に、販売台数が期待される輸出市場のディーラーに ADO15 を見てもらう機会にもなった。

　しかし、最終テストと初期生産が並行して行なわれたため、事態は複雑になり、深刻化していく。不具合は試作車と初期生産車の両方から見つかり、細かいスペックは週単位で変更されていた。そのため、製造コストは増加し続ける。また、5 月生産と 7 月生産のクルマを見比べると、スペックが異なることは一般ユーザーにもわかるほどはっきりしていた。初期生産車は輸出向けが多かったが、これらの車両は、船に乗せられる直前にようやく改善作業を終えることができたという。ADO15 は 1959 年 8 月下旬に発表されると決定し、エンジニアたちはそのぎりぎりまで問題を解決しようと懸命に戦っていた。しかしこの戦いが完全に終わったのは、発表の翌年の 1960 年になってからであった。

6 「ミニ」のデビュー

発表前の不安

　こうした困難にもかかわらず、ADO15 は計画通り 1959 年 8 月にデビューすると最終決定された。ADO15 の導入は、イシゴニスが考え出した先進のエンジニアリングと大衆マーケットを結びつけるという、BMC にとっては大胆な一手であった。しかし、デビューを直前に控えて、この新型車の持つ価値とは何なのか、またどのマーケットに販売対象を絞るかをめぐって BMC の社内は混乱し、販売キャンペーンの準備はうまく進んでいなかった。というのも、ADO15 のスタイリングとサイズは、1959 年当時販売されていた他のイギリス車とはまったく異なっていたからだ。

　副会長のジョージ・ハリマンも ADO15 のシンプルなスタイリングと簡素なインテリアを見て心配になり、なにか装備を加えるようにとイシゴニスにアドバイスした。そこで、フルホイールカバーが追加になり、フェンダーにはクロームのモールが追加された。

　ハリマンはまた、BMC とコンサルタント契約を結んでいたバッティスタ・ピニンファリーナにミニのスタイリングをどう思うか、個人的な意見を聞かせて欲しいと頼んだ。こうして、レオナード・ロード、ジョージ・ハリマン、アレック・イシゴニス、そしてバッティスタ・ピニンファリーナという顔ぶれが、当時 BMC に在籍していたイタリア人デザイナーのディック・ブルジのデザインスタジオに集まったのである。

　「このデザインをどう思いますか？」とハリマンがピニンファリーナに訊ねた。すると、ピニンファリーナはイシゴニスの顔を見てこう言った。

　「あなたはデザイナーですか、それともエンジニアですか？」

　「これはまた、なんとも腹立たしい質問ですね」
とイシゴニスはいたずらっぽく笑みを浮かべながら、こう答えた。

　「私はエンジニアです。デザイナーではありません」

　ピニンファリーナはこの冗談交じりの返事を聞いて、しばし笑った。それから真面目な顔をして、

「これは独特なデザインです。何も変更する必要はありません」と言った。

これを聞いて、イシゴニスは大いに喜び、副会長のハリマンはほっと胸をなでおろした。

しかし、1930年代から長年この会社で働いてきた販売部門の人たちの多くは、この新型車をピニンファリーナと同じように好意的に受けとめたわけではなかった。彼らはオースティンの創業者のハーバート・オースティンやモーリスの創業者のナッフィールド卿（ウィリアム・モーリス）を個人的に知っており、伝統を重んじて新しいものをすぐには受け入れない性分だったので、革新的なADO15を一目見ただけで嫌ったという。10年前にナッフィールド卿がモーリス・マイナーを見た時に感じたのと同じような嫌悪感をADO15に対して持ち、BMCのファリーナモデルを手がけたイタリアの有名デザイナー、ピニンファリーナとはまったく異なる見方をしていた。

「オースティン・セブン」と「モーリス・ミニマイナー」

しかし、販売部門の人たちは自分がこの新型車をどう思おうと、とにかくこのクルマを売らなければならない。まず、ADO15には名前が必要だったが、当初その名前は「ミニ」ではなかった。BMCは商品戦略にしたがって、ADO15にはオースティンとモーリスの2種類のバッジが与えられ、別々に発表することになった。ADO15はファミリーカーという位置づけだったので、オースティンとモーリスのそれぞれが、過去に販売したもっとも有名な小型車にちなんだ名前をつけ、過去とのつながりをもたせようとした。その名は、「オースティン・セブン」と「モーリス・ミニマイナー」である。モーリスのADO15に"ミニ"という言葉が加えられた理由は単純で、イシゴニスがかつて設計した小型車のモーリス・マイナーが、当時まだ主力モデルとして活躍していたからだった。"ミニ"という言葉をつけることで、同じ伝統を持ちながら、さらに小型であることが示されたのだ。

当然ながら、モーリスとオースティンのADO15の相違点は、単に表面的なものにすぎなかった。それぞれが独自のグリルデザインとバッジを持ち、個別のボディカラーとオプション装備を設定したことだけが異なった。それにもかかわらず、

127

ロングブリッジで撮影された新旧の「オースティン・セブン」。オースティン・バッジの ADO15 は、1922年に登場した戦前の有名な小型車「オースティン・セブン」の名を引き継ぎ、いよいよデビューする。

個別にプレスリリースが発信され、カタログやマーケティングのスローガンも別々につくられた。初期の販売促進用の印刷物には、驚くほど多くの荷物を積み込もうとする"典型的な"家族がクルマの周りに登場している。燃費の良さが強調され、特に女性にとって運転しやすく、駐車もしやすいクルマだとうたわれている。それとは対照的に、販売キャンペーンでは技術的な革新性が強調され、モーリス・ミニマイナーも、オースティン・セブンも、走りの素晴らしさがうたわれている。

　ところで BMC は、価格設定が販売の鍵になるだろうと考えていた。初期の宣伝では、"全長わずか 10feet（約 304cm）なのに、800 ポンドで販売されているクルマよりも居室スペースが広い。しかもオースティン・セブンの価格は税込みでも 500 ポンドでおつりがくる"とアピールしている。ライバルの自動車メーカーはこの価格の安さに驚き、十分に検討してつけられたのだろうかと疑問を覚えずにはいられなかった。

　（参考：1959 年当時の換算レートを 1 ポンド＝ 1,008 円として換算すると、800ポンド〔他社モデル〕は 806,000 円、また 500 ポンド〔オースティン・セブン〕は 504,000 円相当となる。オースティン・セブン／モーリス・ミニマイナーのベーシックモデルの本体価格は 350 ポンドであり、これに物品税 147 ポンドを加えると 497 ポンドになることから、"税込みでも 500 ポンドでおつりがくる"と BMC は宣伝した。なお、オースティン・セブン／モーリス・ミニマイナーの価格戦略については、Column4 を参照のこと）

第 2 章 「ミニ」の誕生

自動車メディア向けの発表試乗会

　発表イベントでも、だれをターゲットにしているクルマなのかという点で、やはり一貫性を欠いていた。BMC は、8 月 18 日から 2 日間にわたって自動車メディア向けにプレビューイベントを行なっている。自動車ジャーナリストたちに ADO15 の素晴らしいロードホールディングとハンドリングの良さを実際に試してもらおうと考え、サリー州チョバムの軍用車両試験場を会場に選んだ。ここならば、公道でないクローズドの環境で、最大限のパフォーマンスを試すことができたからだ。BMC は競合モデルとの比較データをジャーナリストたちに配布したが、このなかにはフィアット 600、ルノー・ドーフィン、またイシゴニスが嫌っていたフォルクスワーゲン・ビートルも含まれていた。

　このプレビューイベントは大好評だった。イシゴニス自身もこのイベントに出席し、取材陣からはちょっとしたスター扱いを受けていた。カメラマンの求めに応じて、自分の狩猟用ステッキにもたれたり、ミニに乗ったり降りたりして、イシゴニスは一日中にこやかに撮影に協力した。ウィットに富み、個性的なイシゴニスはジャーナリストたちを魅了したのだ。この日のイベントの成功に、イシゴニスは大きく貢献した。

　ミニの技術的な優越性とオリジナリティに共感した自動車ジャーナリストたちは、この試乗会から帰るとすぐにミニを高く評価する記事を熱心に書いた。イシゴニ

1959 年 8 月中旬、サリー州のチョバムで行なわれた自動車メディア向けプレビューイベントでジャーナリストと話すイシゴニス（左）。左手に持っているのは狩猟用ステッキ。

129

スはこのイベントで、「みなさんのなかには、普通のクルマとは異なる特徴を持つこの新型車に衝撃を受ける方もいらっしゃるかもしれません。BMC は何か新しいクルマを提案しなければなりませんでした。しかし、それは同時に、他の自動車メーカーがつくる最高の小型車の設計を超えるものでなければならなかったのです」と堂々とスピーチしてみせた。だが、販売部門の人たちは、このスピーチを聞いてもまだこの新型車に自信を持つことができなかった。

ロングブリッジでの発表会

　試乗イベントの一週間後、今度はロングブリッジのエキジビション・ホールで自動車が専門ではないメディア向けにイベントが行なわれる。長年販売に関わってきた人たちがこの新型車にいまだ情熱を持てなかったことが理由なのか、この重要イベントを取り仕切ったのは、トニー・ボールという若手の販売幹部候補生だった。しかし、ボールはこのイベントをファミリーカーにふさわしい内容に演出してみせた。1950 年代の新型車の発表会はいささか地味なイベントであることが多かったが、ボールは上層部を説得してこの会のために日頃よりも大きな予算を確保した。ボールは直感的に、この独創的な新型車の発表会は、クルマと同様に独創的であるべきだと考えていたのだ。そこで、退屈なスピーチと統計データを説明する会ではなく、マジックをテーマにした華やかなショーを行なってわくわくする興奮を伝えようと考えていた。

　ショーの冒頭は、薄暗いステージの中央に置かれた大型のシルクハットにスポットライトが当たっている場面から始まる。そこにマジシャンの衣装に身を包み、魔法のつえを持ったトニー・ボールが、突然姿を現す。彼がつえをふると、ショーガールに扮したアシスタントたちがステージの大型シルクハットを開き、なかからオースティン・セブンが姿を現した。続いて、長身の 3 人の男性と 2 人の女性（女性のひとりはトニー・ボールの妻で、生後半年の赤ちゃんを抱いていた）、それに犬 2 匹がオースティン・セブンから現れた時、観衆はあっと驚いた。オースティン・セブンから出てきた人たちは、車内の小物入れやラゲッジルームに積んでいた多くの手荷物を次から次へと、まるでマジックのように降ろし始めた。

第 2 章 「ミニ」の誕生

ロングブリッジのエキジビション・ホールで行なわれたショーの一場面。小さなオースティン・セブン（ミニ）から、男性 3 人、女性 2 人、赤ちゃん、犬 2 匹が出てくると、会場は沸いた。

　取材に来ていた一般メディアのジャーナリストたちはみな、この発表会に良い印象を持った。しかし、自動車ジャーナリストたちとは異なり、新型オースティン・セブンにまっさきに飛び乗って試乗したいという気持ちにまではならなかったようだ。イシゴニスのチームのジャック・ダニエルズとクリス・キンガムは新型オースティン・セブンを何台も並べて試乗の準備を整えていたが、ジャーナリストたちはただクルマを眺めただけで、立ち去ろうとした。そこで、ダニエルズとキンガムは急いで運転席に乗り、どんな走りをするのかを実際に走行して見せた。このデモンストレーションを見て、この新型小型車に戸惑いを感じていた、自動車が専門ではないジャーナリストたちも、ようやくその考えを変えることができたのだ。モーリス・ミニマイナーの発表イベントもモーリスの本拠地、カウリーで行なわれた。
　さて、一連の発表イベントがすべて終了し、いよいよ新型車がショールームに

飾られ、販売が始まる時が来た。BMCは何か革新的なことが起きるとディーラーに期待させていたが、これから自分たちが販売する新型車を実際に見たディーラーたちは、決して明るい気持ちにはなれなかった。

彼らは一般購入者がどのようなクルマを求めているかをよく知っており、ディーラーの新型車に対する不満は、BMCの販売部門の人たちよりもいっそう大きかった。ベルギーの輸入販売会社は、1961年7月にBMC宛に次のような厳しい内容の手紙を書いている。それは、初期生産車のメカ的な不具合に対する訴えではなく、ミニの販売が奮わない原因は、スタイリングにあると訴える手紙だった。

"タイヤを四隅に置くスクワット型のスタイルは、当世の流行とはまったく相反するもので、美しいとはいえません（中略）。イシゴニス氏がイギリスの自動車誌から、この新型車の設計について高い評価を得ていることは、私どもも存じております。しかし、スタイリングについても彼が責任者であるならば、このクルマの技術的な面は成功させられたのに、なぜスタイリングについてはあのように嘆かわしい結果を招いているのか、ただ理解に苦しむばかりです"

出足が遅かった初期の販売

確かに、ジャーナリストの批評はBMCの小型車に対して好意的であったが、これはすぐには販売に結びつかなかった。いったい何が起きているのだろうとディーラーを訪れる自動車ユーザーもいたが、結局のところミニを買いたい気持ちを抑えてしまう人が多かったようだ。イシゴニスもBMCも、安全で運転が楽しめ、幅広い層の人たちが手に入れやすいミニは、ファミリーカーとして魅力的なクルマになるだろうと考えていた。しかし、装備が極めてベーシックだったうえに、一般のドライバーとは異なるイシゴニスの個人的な好みが色濃く反映されていたため、見込み客は二の足を踏んだのである。小型ホイールに取り付けられたタイヤは、すぐに摩耗してしまうのではないかと心配する人もいた。どうやら一般の人たちもBMCの販売部門の人たちと同様に、ミニはあまりにも独特で変わっていると思ったようだ。実際に自分がこのクルマを運転する姿を想

像できなかったのだ。
　さらに、彼らがミニの購入に踏み切れなかったいちばん大きな理由はおそらく、最前線のエンジニアリングである"前輪駆動"にあった。なにしろ当時のイギリスの自動車オーナーのなかで、前輪駆動のクルマの保守点検や簡単な修理をした経験のある人は、ほとんどいなかったのである。

発表直後の課題
　たとえミニの革新性を受け入れたとしても、信頼性の問題がまだ解決しておらず、このこともマーケットを当惑させた要因だった。初期生産車で特に問題となった不具合は、水漏れであった。
　実は、水漏れの問題はテスト段階から報告されていた。先述のように1958年後半にスペインで行なわれたテストドライブでも、さらに1959年7月の最終テストでも、問題として挙げられている。しかし、その解決にあたったその後の調査では、水漏れはごくまれにしか起きないと報告されており、結局、徹底的な問題解決はなされなかったのだ。
　その後、水漏れはフロアアッセンブリーのフランジ（出っ張り）が逆方向に設計されていたことが原因だと判明する。雨が降る度に車内は浸水していたが、浸水経路はフロアの他にもいくつかあった。1957年7月のテストの報告後に徹底的な調査と対策がなされなかった理由は、もしかしたら1959年夏のイギリスの天候が影響したのかもしれない。めったに起きないことだが、この夏、イギリスは熱波の影響を受けて、連日太陽がさんさんと輝き、降水量も少なかったのだ。
　やがて、"ミニはウェリントンブーツを履いて運転しなければならない"とか、"ドアポケットに金魚を飼うことができる"といった冗談が有名になる。だが、笑い事ではすまなかったのは、水漏れが初期の販売に与えた大きな打撃である。また改善作業にも高い費用が必要になったため、わずかな利益はすべて消えてしまった。
　この他にもクラッチとシフトチェンジの操作性の問題なども含め、イシゴニスのノートとスケッチブックには、51項目にもおよぶ問題の解決に取り組んだあとが

見られる。そして1960年の終わりまでに、ようやく技術的問題の大部分が解決する。だが、問題解決のために多くの時間とコストが必要となり、また、初期にミニを購入した人たちはいくつかの不具合に直面し、不都合な事態に悩まされていた。彼らのなかには、自分たちは心ならずも、"延長された公道テストプログラム"に参加させられたと思った人がいたにちがいない。レオナード・ロードの厳しいスケジュールに合わせてミニを誕生させ、発表できたのは見事な離れ業であったが、BMCは大きな代償も支払うことになったのである。

自動車誌の1962年の読者調査

　ここで、イギリスの『モータースポーツ』誌が、ミニのデビューから3年後の1962年8月に発表した読者調査の一部を紹介しよう。これは、『モータースポーツ』誌が幅広いモデルを対象に、公平な調査を行なうために読者の協力を得て行なった調査である。前述のように初期生産で問題が多発したミニは、当時の一般ユーザーから不評を買っていたことがこの調査結果からも窺える。

　対象となったクルマのなかで、ほとんどの項目でフォルクスワーゲン・ビートル、またはフィアット600のどちらかが1位になっている。しかし、ミニも計器類の見やすさと走りの良さでは高得点を獲得している。さらに、少し驚きであるが、デビューから十数年が経過しているモーリス・マイナーが全体的に素晴らしい結果を得ている。

　注目したいのは、「もういちど同じクルマを買いますか？」という質問に対する回答である。この質問でも「はい」と答えた人は、フォルクスワーゲン・ビートルが1位（84.7％）、フィアット600が2位（80％）、そしてモーリス・マイナーが惜しくも3位（79.6％）となっており、トライアンフ・ヘラルド、フォード・アングリア105Eを破っている。しかし、ミニのオーナーからは、64％しか「はい」という回答を得られなかった。しかもミニのオーナーたちは、"メカニカルな信頼性が向上している場合のみ"という条件付きで、「もういちど同じクルマを買いますか？」という質問に64％の人が「はい」と回答している。

Column 1　ミニの「衝突テスト」を実施したスターリング・モス

　デビュー当初、まだミニの販売が奮わなかった頃、イシゴニスの友人のローレンス・ポメロイは、イシゴニスにこんなことを言った。
「見込み客の多くは、駐車しやすいとか、経済性が高いなんてことよりも、家の前にクルマを停めた時にどう見えるかに関心があるのだよ」
これに対してイシゴニスは、彼独特の言い方でこう答えた。
「あぁ、ポム（注：ポメロイのこと）、そういう人が大勢いることは知ってるよ。だがね、私はそういう人たちのためには、クルマを設計していないんだ！」
　二人がこんな会話をしていた頃、BMCのマーケティング部門はミニのイメージアップを図り、なんとかして販売を軌道に乗せようと打開策を練っていた。そのひとつがジャーナリストに長期的にミニを貸し出し、記事を書いてもらうことだった。そうしたなか、イギリスでナンバーワンのレーシングドライバー、スターリング・モスがミニに興味を持っていると知り、BMCは喜んで試乗の機会をつくる。スターリング・モスは、オースティンの本拠地のロングブリッジを出発して、近くのリッキーヒルズと呼ばれる交通量の少ない丘陵地帯でこのデビューしたばかりの小型車に試乗することになった。
　試乗開始前、ミニの運転席に座ったスターリング・モスは、シートの座り心地がよくないと訴えた。するとBMCから、「運転中に眠ってしまうことがないように、わざと座り心地を悪くしているのです」という回答が返ってきた。次にモスは、小物入れの設置場所が悪く、これでは手が届かないと指摘した。モスによれば、これには次のように回答がなされたという。「イシゴニスが運転席に座り、彼の極端に長い腕と手と指を伸ばして実際にやってみたのです。すると、いとも簡単に小物入れに手が届いてしまったのですよ」
　モスはジャーナリストのような指摘はこのくらいにして、まずはこの新型車を運転してみようと、期待に胸を膨らませてロングブリッジを出発した。ところが、わずか数分のうちにモスは戻ってきた。見れば、ミニのフロントは無残な姿になっている。衝突事故を起こしてしまったのだ。ところが、イシゴニスはこれを見て腹を立てるどころか、喜んだ。モスはいわばミニの衝突テストを

1959年、スターリング・モスは新型オースティン・セブン（ミニ）に初試乗。この時、モスは不運にも衝突事故を起こしてしまった。ところが、横置きエンジンの安全性の高さが証明され、イシゴニスは喜んだ。

行ない、横置きエンジンの安全性の高さを証明してくれたのだと、イシゴニスはモスに感謝したのである。イシゴニスによれば、縦置きエンジンの場合、衝突が起きるとエンジンがバルクヘッド側に押し込まれて、ステアリングコラムがドライバーに衝撃を与えることがしばしば起きるが、横置きエンジンの場合、前方からの衝撃をエンジンルームの空間がある程度吸収できるので、安全性が高いはずだと考えていたという。スターリング・モスがミニの初試乗で起こした衝突事故は、イシゴニスのこの予測が正しかったことを証明したのだ。

第3章　新時代のクルマ「ミニ」

1　"時代の象徴"の誕生

出足が鈍かった販売

　ミニの販売の出足は鈍かった。その後少しずつ売れ始めたものの、発表翌年（1960年）の販売台数はまだ大きな伸びを見せていない。前述のように、デビュー当初、BMCは先進技術が盛り込まれたこの小型車の特徴を十分に生かす、一貫した販売戦略を打ち出すことができなかった（詳細は第2章の6「ミニのデビュー」を参照）。しかしその後、打開策のひとつとして、モータージャーナリストにミニの長期貸し出しを行なう。好意的な記事を書いてもらい、この新型車のイメージアップを図ろうとしたのだ。

　また1960年9月には、イシゴニスの提案により、ジャーナリストを招いてロンドンのレストランでディナーパーティも開催している。このパーティには、オースティン・セブン、またはモーリス・ミニマイナーが貸し出されていた100人のジャーナリストのうち、約30人が出席した。BMC技術統括責任者のシドニー・スミス、上級エンジニアのチャールズ・グリフィン、広報責任者のトニー・ドーソンなど、BMCの幹

デビュー当初の販売は伸び悩んだ。写真は「モーリス・ミニマイナー・デラックス」。フロントウィンドウ、リヤのクォーターウィンドウ、サイドシルなどにクロームが施されている。

部も参加するなか、"延長された公道テスト"に携わったジャーナリストたちと、ミニの走りについてさまざまな経験を語り合おうというのがこのパーティの目的だった。

販売促進に向けてこうした努力がなされ、またこの頃にはミニの初期の不具合対策もほぼ目処が立ってきてはいたものの、革新的な小型車を投入したBMCの巨額な"ギャンブル"はどうやら失敗に終わったようだ、と世間の人々は思っていた。しかし、突如、ミニは著名人や富裕層から熱烈に支持されるクルマとなり、販売台数を大きく伸ばしたのである。

イシゴニスの友人が王女と結婚

ミニが普通のクルマの域を越える、最初の一歩を踏み出すきっかけをつくったのは、イシゴニスの友人だった。すでに書いたように、イシゴニスは若い頃、モータースポーツに熱心に取り組んでいた。そしてモータースポーツを通して、社会的に影響力のある人たちと親交を結ぶ、数多くの素晴らしい機会に恵まれていた。そうした友人のなかに、写真家のアンソニー・アームスロトング＝ジョーンズ（1930 – 2017）という人物がいた。彼は1960年にエリザベス女王の妹、マーガレット王女と結婚する。アンソニー・アームスロトング＝ジョーンズは一般人であったため、結婚に伴い爵位が与えられ、スノードン伯爵となる。このスノードン伯爵夫妻が愛用したクルマが、デビューしたばかりのミニだったのだ。このミニは、スノードン伯爵から"最速"にしてほしいという依頼を受けたイシゴニスが個人的に相談に乗り、チューニングが施されていた。

当時、イギリス王室のなかで人気があり、いつも注目を集めていたのは、マーガレット王女（1930 – 2002）だった。王女が若く、非常に魅力的だったことだけが人気の理由というわけではなかった。"恋多き女性"として、一時メディアで話題になることも多かった王女は、イギリス国民にとってロイヤルファミリーのなかでだれよりも身近に感じられる存在だったといえる。マーガレット王女とイシゴニスの友人、アンソニー・アームスロトング＝ジョーンズ（スノードン伯爵）の結婚式は、1960年5月6日にウェストミンスター寺院で行なわれた。イシゴニスも王

室から正式に招待状を受け取り、この結婚式に参列している。新婚旅行中にスノードン伯爵はイシゴニスに手紙を送り、最速のミニにチューニングしてもらったことを喜び、礼を述べている。また、この手紙によれば、イシゴニスは結婚祝いとして伯爵に、なんと電動ドリルを贈ったとある。

　1960年代のイギリスは、変化の時代であった。1960年代がスタートした頃は、人々の考え方や習慣はまだ、1945年に終わった第二次世界大戦後の"戦後の時代"とあまり大きく変わっていなかった。しかし、徐々に物不足が解消し、やがて人々は質素と倹約を重視する生活から脱却し、豊かさを享受したいと考えるようになっていく。長かった戦争とその影響で起きた過去の様々な出来事の記憶から逃れたいと、強く望んでいたのだ。また、景気が好転しはじめると、特に若者たちは、伝統、慣習、階級による制限に反発し、もっと自由に人生を楽しみたいという思いを強くしていった。イシゴニスの友人と王女の1960年の結婚は、民間出身者でもロイヤルファミリーと結婚できるような、"新しい時代がついに到来した"と人々に告げる出来事になったのである。スノードン伯爵は純粋にミニが気に入っていたのだが、このことはイシゴニスにとって人生の幸運な分岐点になった。人気のロイヤルカップルが愛車のミニに乗って出かけようとすると、人々はこの風変わりなクルマにも注目したからだ。王女と伯爵は、ミニに乗る最初の有名人になったのだ。1960年代のマーガレット王女とスノードン伯爵

スノードン伯爵とマーガレット王女のオースティン・セブン。このクルマはカスタマイズされており、"Austin Mini"と書かれたバッジ、クーパーのグリルなど、標準とは異なる特徴を持つ。

は（ジョン・レノンやミック・ジャガーと同じように）常に注目される存在だった。この二人がミニを好んだことが、このクルマの成功に大きな影響を与えたと考えることは、決して大げさではない。

やがてイシゴニスのところに、ウィンザー・グレート・パーク（王室の居城、ウィンザー城の南に広がる公園）でエリザベス女王がミニに試乗する機会をつくってほしいという依頼が舞い込んだという。そして1960年代が進むにつれて、ミニのファンとなる有名人が増えていった。彼らがミニを好む理由は、それぞれ異なっていた。そのなかには、ビートルズ、ツィッギー（ファッションモデルで後に女優）、ピーター・セラーズ（イギリスのコメディアン／喜劇俳優）、マリアンヌ・フェイスフル（歌手／女優）といった人たちがいた。有名人が乗れば、一般の人々もそれに続くものだ。突如、ミニは人々が手に入れたいクルマになったのだ。

1960年代のイギリスについては、後ほどもう少し述べたい。

ファンがもたらした新たな名前

おそらくそれ以前にも、またその後も起こっていないことであるが、ミニはロイヤルファミリーや有名人にファン層を獲得するという独自のマーケットを開拓しただけでなく、後に述べるような、アイデンティティ（独自性）も確立した。正式名の「オースティン・セブン」と「モーリス・ミニマイナー」は、過去の小型車とつながりを持たせることで販売促進につなげようという戦略によって、意図してつけられた名前であったが、熱心なファンの人たちを中心に、人々は次第にこの小型車を古風で呼びにくい正式名ではなく、単純に"ミニ"と呼ぶようになっていたのだ。これは、BMCの販売戦略がどれほど的外れであったかを示す一例でもある。

そして1962年1月19日、ついにオースティンは次のように発表する。"現在販売している「オースティン・セブン」は、"ミニ"と呼ばれて広く親しまれています。このことを考慮し、「オースティン・セブン」とその派生モデルの名前を公式に、「オースティン・ミニ」と変更することを決定いたしました"

その後、1967年9月にMk IIが導入された時、モーリスも同様に、「モーリス・

ミニマイナー」から「モーリス・ミニ」へと名前を変更する。

1960年代のイギリスでアイデンティティを確立

なぜ、ミニはこれほど支持されるクルマになったのか？ いちばんに挙げられる理由は、交通量の多いロンドンを走ったり駐車したりしやすいクルマだからだ。また社会的な意味では、ユニークで現代的なミニは、親たちとは異なる個性を表現したいと考える若い世代にとって魅力的だったことが、理由として挙げられる。この二つ目の理由について、これから述べていきたい。

1950年代には、イギリスの社会や文化における伝統的な枠組みや階層秩序は、まだ戦前とあまり変わっていなかった。人々は慣習を重んじる生活を続けており、例えば男性はいつもスーツを着ていたし、女性は社交の場では帽子をかぶり、手袋をしていた。"ティーンエイジャー"という言葉はまだ存在しなかったし、快楽的なドラッグやセックスは、上流階級の人たちに限られた世界だった。

しかし1960年代になると、階級には関係なく、これまでの常識と異なる行動をだれが行なっても容認され得る世の中へと、イギリス社会は変化していく。そして突如、"若者"という言葉と"現代的（モダン）"という言葉がよく使われるようになり、流行語になる。この時代は、特に労働者階級出身の若者が注目を集め、活躍した時代であった。それまで文化は上流階級のものだったが、ロンドンの若者たちを中心に大衆文化（ポピュラー・カルチャー）が生まれたのである。ロックグループのビートルズ、ローリング・ストーンズ、ロンドンのカーナビ・ストリートに店を構えたファッションデザイナーのマリー・クワント、モデルのツィッギーといった人たちの名は日本でも知られているが、彼らはそれまでの常識を打ち破り、未来に向けてそれぞれの分野でもっと自由で面白い何かを創造しようとしていた。これに影響を受けた一般の若者たちは、憧れの芸能人や有名人の多くが支持していたミニに興味を持ち、好きになっていったのだ。当初の販売ターゲットだった彼らの親たちは、独特で変わっているという理由でミニを拒絶したが、彼らの子供世代にあたる若者たちは、ミニをユニークで現代的と捉え、このクルマを魅力的だと思ったのである。

ミニが人気になった要因のひとつとして、もうひとつ忘れてはならないのは、この時代に初めて、若い世代が自由に使えるお金を持ったことだ。1960年代には、戦後のベビーブームのなかで生まれた人たちが十代半ばになり、同世代の中産階級とは異なり、労働者階級の若者の多くは社会に出て賃金労働者となっていた。彼らはまだ責任を負うべき家族を持つ年齢ではなく、自由になるお金を持つことができ、当時のイギリスで始まっていた大量生産と大量消費の時代の担い手となっていたのだ。この当時、まだクルマを所有することは当たり前ではなかったが、ミニは"いけてるクルマ"のなかで、比較的安く手に入れることができる数少ない1台だった。前述のようにユニークで"現代的"とみなされ、時代の風潮にも合っていたミニは、自由で制約のないライフスタイルと、どの階級にも属さない"クラスレス"の象徴的存在であると同時に、だれでも実際に買うことが可能なクルマであった。

　しかし、これはいささか皮肉な結果ともいえる。もともとミニは、物不足で人々が倹約している時代に、普通の人がなんとか手に入れられるクルマとして誕生した。しかし、実際には、戦後の節約時代をようやく脱却したイギリスで、次第に経済的に豊かになり、自由に生きる人たちの心を捉えたことで成功したのだ。ミニは、自動車市場に驚くべき現象を引き起こしたのである。このクルマを生み出したイシゴニスは、まさかこのような現象が起きるとはまったく予想していなかったであろう。

ラグジュアリーなミニ

　ところで、イシゴニスが採用した、標準仕様のミニの極めてベーシックな装備とスタイルは、だれもが好むものではなかった。そこで、イシゴニスの質実剛健すぎるミニに共感できない人たちに向けて、早い時期から高級なミニがつくられている。1959年8月にミニが誕生した時に、標準モデルよりも豪華な装備が用意された「デラックス」というモデルがすでに存在しており、また1961年9月には「スーパーサルーン」が導入される。さらに、この二つの上級装備のミニに代わって、1962年10月に「スーパーデラックス」が誕生した。

第3章　新時代のクルマ「ミニ」

ウーズレー・ホーネット（写真は1966年以降のマークII）。ホーネットはライレー・エルフと姉妹でもある。ホーネットとエルフはミニのラグジュアリーな派生モデルとして誕生した。

　また、二つのファミリーモデルも追加され、「ウーズレー・ホーネット」と「ライレー・エルフ」の名で1961年秋に発表されている。ホーネットとエルフの装備は、"世界でもっともラグジュアリーな小型車"という両モデルの販売スローガンにふさわしいものだった。ホーネットもエルフもそれぞれ時代に合ったクルマに仕上がっていたが、それだからこそすぐに時代遅れになってしまい、8年後には両モデルの販売は終了された。

　ホーネットとエルフは、装備の変更に高いお金をかけることをいとわない数少ないお金持ちの人たちにとっては、十分な存在ではなかった。彼らのなかには特別なミニの製造をラドフォードやフーパーといった独立系のコーチビルダーに発注した人もいれば、ロングブリッジ工場に特別なミニをオーダーした人もいた。

　また、そこまで裕福でない人たちも、所有するミニに自分だけの個性を反映させたいと思うようになっていた。質素で飾り気のないミニは、オーナーひとりひとりの個性を表現しやすい"素材"として適していたのだ。アクセサリーと改造は人気のビジネスとなり、これはミニのデビューから年月が経つにしたがって、さらに活発になっていく。"I love *my* Mini（'私の'ミニが大好き）"というフレーズは、1960年代と1970年代のイギリスでミニのオーナーがよく使っていたスローガンであるが、これはお金持ちと有名人がパワーを上げるためにエンジンをチューニングした、特別なミニのことだけを示す言葉ではなかった。ミニを通して個性を表現したいと思う人たちも、この言葉を好んで使っていた。

　"ミニ"という言葉はさらに発展し、服や持ち物などクルマ以外のものにも"ミ

143

ニ"という接頭語をプラスすることが、当時の流行になっていく。たとえば、ファッションデザイナーのマリー・クワントは"ミニスカート"を流行させたが、クワントはお気に入りのクルマ、ミニにちなんで自分の作品をミニスカートと名づけたという。これは、"ミニ"という接頭語を持つ物のひとつの例であり、ミニスカートは今も親しまれている。

2　「ミニ・クーパー」（ADO50）の誕生

ミニに備わっていた資質

　セレブからのお墨付きをもらい、ミニの販売は急上昇した。だが、ミニのステータスをさらに確かなものにしたのは、モータースポーツに参入し、一流の舞台で活躍したことだった。イシゴニスはミニを生み出した時に、モータースポーツに没頭した若い頃の情熱を引っ張り出していたが、そのことはいつの間にか、運転しやすく楽しいクルマをつくることにつながっていったのだ。「私のバックグラウンドにはレースがあります。思い通りにコントロールできるクルマは、ホイールが四隅にあるクルマだと考えています」とよく語っていた。イシゴニスは無意識のうちに、ファミリーカーとして誕生させたミニにも、レースで成功を収められる資質を与えていたのだ。

　その潜在能力はミニの開発段階から垣間見られた。開発の初期段階ではエンジンの排気量は950ccとする予定であったが、レオナード・ロード（当時のBMCのトップ）とシドニー・スミス（技術統括責任者）の指示により、最終的に850ccが採用された。950ccを搭載した試作車に試乗した二人は、ファミリーカーとしては速すぎると判断したのだ。また、特注サイズのタイヤを開発するためにダンロップが行なった実地テストの結果も興味深い。ミニの試作車はダンロップのテストコースに何度か運ばれ、濡れた路面で高速のコーナリングテストが行なわれている。ダンロップが行なった同じコーナリングテストの当時の最高記録は、アストンマーティンDB4の時速46mile（時速74km）だった。ミニはこのテストで時速44mile（時速71km）という、DB4に迫る素晴らしい結果を残している。ちなみに、ミニに続

いてモーリス・マイナーも時速42mile（時速68km）という良い結果を残している。一方、ミニのライバルたちの同じテストの結果はあまり芳しくない。シトロエン2CVのコーナリング最高速度は時速33mile（時速53km）と記録されており、またリヤエンジンのルノー・ドーフィンはこれよりも遅い速度で横転したと記されている。

　このように、ミニのコーナリング性能の良さは当初から証明されていた。だが、イシゴニスにしてみれば、これはドライバーのために"クルマが備えているべき基本安全性能"の一環にすぎなかった。前輪駆動の採用によってロードホールディングが向上したことは、ミニの最大の強みだとイシゴニスは考えていた。なぜなら接地性が良ければ、ドライバーの運転技術が未熟でも、それをある程度カバーできるからだ。「ミニが成功した理由のひとつは、小型で速く、しかもたとえ運転がうまくない人でも安全に運転できるクルマだからです。そういう人が運転することを思い浮かべながら、開発を進めていましたね」とイシゴニスは語っている。

ダウントンのミニ

　イシゴニスの考え方は、エンジニアたちにも伝わっていた。ミニがデビューした数週間後には、早くもアマチュアのレーサーたちはミニでレースに参加し始め、ほどなくしてプロの技術者たちも同じことを始めた。もっとも早い時期からレースに挑戦を始めた一人が、ダウントン・エンジニアリング・ワークスを経営する優秀なエンジニア、ダニエル・リッチモンドだった。この会社の名前は、ウィルトシャー（イングランド南部の州）のソールズベリー近郊のダウントンという小さな村の名に由来する。リッチモンドは数多くのセレブから依頼を受けて、ミニのチューニングを手がけていた。さらにダウントン・エンジニアリングが所有するミニをチューニングしてレースに参戦し、会社の名前を高めようとしていた。1959年の冬、まだミニの販売が思わしくなかった時期に、リッチモンドはベーシックモデルのオースティン・セブンにチューニングを施し、ダウントンが手がけた第1号車を完成させる。このオースティン・セブンは、1960年にベルギーのスパ・フランコルシャンやイギリス

1959年9月に生産された初期のミニ（オースティン・セブン）。この個体は、ダウントン・エンジニアリングのダニエル・リッチモンドが購入し、チューニングした最初のミニ。ミニがデビューした初年度からレースに参戦し、注目された（BMIHT所蔵）。

のブランズ・ハッチで開催されたレースに参戦し、勝利を収めることはできなかったものの、自動車ジャーナリストたちの注目を大いに集めた。

イシゴニスも、当時の『オートカー』誌の記者だったロナルド・バーカーに誘われて、ダウントン・エンジニアリングがチューニングしたオースティン・セブンに試乗している。イシゴニスはこのクルマが気に入り、子供のように目を輝かせ、タイヤが空転するほどの勢いでアクセルを踏んで試乗を楽しんだという。

ダニエル・リッチモンドにそれほど後れることなく、BMCコンペティション部門でも、ミニの参戦に向けて活動を開始している。BMCコンペティション部門は、アビンドン（オックスフォードシャー）にあったMGの工場に1955年に設立され、ジョン・ソーンリーが指揮をとっていた。ソーンリーはMGカーズの統括責任者でもあったが、彼もまた、イシゴニスとはレースを通して以前からの知り合いだった。コンペティション部門の使命は、MGのみならず、BMC全体のモデルのなかからモータースポーツに適したクルマを参戦させることだった。BMCは1960年のモンテカルロ・ラリーに6台のミニをエントリーしている。そのうち4台が完走し、そのトップが総合23位になるという、初出場としてはまずまずの結果を残した。他のレースでも、ミニは同じように結果を出していた。こうして、ミニはモータースポーツで活躍できる可能性を秘めていることが証明された。だが、ジョン・ソーンリーたちの悩みは、850ccという小排気量のエンジンでは、どのように

第3章　新時代のクルマ「ミニ」

BMC コンペティション部門もミニ・クーパーが誕生する前からモンテカルロ・ラリーに参戦。1961年のモンテカルロに参戦前にアビンドンの MG 工場で撮影。

チューニングしても完全な勝利を呼び込むほどのパワーが出せないことだった。このような状況で登場したのが、ジョン・クーパーである。

ジョン・クーパー

　ジョン・クーパーは、1923 年にイギリスのサリー州キングストンに生まれた（イシゴニスより 17 歳年下）。ジョン・クーパーの父、チャーリー・クーパーはイギリスの由緒あるサーキット、ブルックランズに比較的近いサービトンで小さな自動車整備工場を営んでいた。第二次世界大戦後、チャーリー・クーパーは新たなビジネスチャンスを探っていた。そんな時、息子のジョンとその友人のエリック・ブランドンがつくった"クーパー 500"スペシャルを見て、これだとひらめく。チャーリーは、1948 年にクーパー・カー・カンパニーを設立し、500cc のレーシングカーの製造と販売を開始した。父のチャーリーがビジネスのノウハウを、息子のジョンがエンジニアリングのノウハウを提供するという親子の協力体制で会社は営まれ、事業は見事に成功する。そして、クーパー・カー・カンパニーはレーシングカーのコンストラクター（製

造会社）としてイギリス最大の会社となり、ロータス、ローラ、マーチといった有名チームの先駆けとなった。

　イシゴニスとジョン・クーパーが出会ったのは、戦後の1946年だった。イシゴニスと友人のジョージ・ダウスンが、自作のレーシングカーのライトウェイト・スペシャルでブライトン・スピード・トライアル（海岸沿いのマディラドライブで1kmダッシュ）に参加した時、クーパー500で参戦していたジョン・クーパーと対決したのだ。クーパー500はライトウェイト・スペシャルよりもわずかに速かった。

　1950年代半ばになると、ジョン・クーパーは自身のレーシングチームを持ち、コベントリー・クライマックス社からエンジンの供給を受けるようになる。そして1956年には、ドライバーの背後にエンジンを搭載する1500ccの革新的なレーシングカー、「クーパー・クライマックス」をつくり、彼のチームの主力ドライバー、ジャック・ブラバムがこのマシーンでF2に出場して大活躍する。翌1957年には、クーパー・クライマックスを改良してF1にエントリーし、ジャック・ブラバムがモナコ・グランプリで好成績を収める（途中3位、6位でフィニッシュ）。だが、クーパー・クライマックスで初勝利を収めたドライバーは、ロブ・ウォーカー・レーシングチームに所属するスターリング・モスであった。モスは、1958年シーズンのアルゼンチン戦でフェラーリを破り、勝利を手にする。この時、ついにミッドシップのレーシングカーが、長年主流であり続けたフロントエンジン／後輪駆動のレーシングカーを破ったのである。

　そして翌年、エンジンを改良したクーパー・クライマックスで参戦したジャック・ブラバムが、ついにF1のドライバーズ・チャンピオンに輝き、またクーパーチームが、コンストラクターズ・チャンピオンの座に就く。この1959年には、クーパーのチームに所属していたニュージーランド出身のブルース・マクラーレンも、22歳の若さでF1初優勝を飾っている。翌1960年にも、ジャック・ブラバムがドライバーズ・チャンピオンに輝く（2位はブルース・マクラーレン）。そしてクーパーチームは、2年連続でコンストラクターズ・チャンピオンのタイトルを手にしたのである。

　ところで、クーパー・カー・カンパニーは、イシゴニスの協力のもと、BMCからフォーミュラ・ジュニア用のエンジンの供給を受けていた。1958年のある日、ジョン・クーパーがロングブリッジを訪ねた時、イシゴニスは当時開発中だったADO15

(ミニ)の量産試作車をクーパーに見せた。ちょうどこの時期、ADO15は最終テストを実施している段階だったのだ。ADO15に対するクーパーの第一印象はあまり良くなかったようだが、実際に運転してみると、操縦安定性が素晴らしく、たちまちこの小型車のとりこになった。そしてミニのデビュー直後の1959年9月、クーパーはイシゴニスに頼んで初期生産のミニを借り、モンツァで行なわれたイタリア・グランプリに出かけた。するとパドックの近くで、クーパーの友人のアウレリオ・ランプレディ（当時フィアットのチーフエンジニア、元フェラーリのエンジニア）がミニに目を留め、クーパーにこう訊ねた。
「見かけないクルマだけど、それは何ていうクルマ？」
「新型オースティン・セブンですよ」とクーパーは答えた。
「ちょっと乗ってみたいんだけど、いいかな？」とランプレディに頼まれたので、クーパーは鍵を渡した。しかし、ランプレディはなかなか戻って来ない。クーパーは、事故でも起こしたのではないかと心配し始めた。そして、BMCに何と説明しようかと考えていた時、ようやくランプレディが戻って来た。ミニから降りると、フィアットのチーフエンジニアはこう言った。
「ジョン、これは未来のクルマだ。これで見た目がもう少し良かったら、言うことなしだ」

ミニ・クーパー誕生

　ランプレディのミニに対する評価が正しかったことは、1960年の終わり頃までには、F1ドライバーたちによって裏付けられることになる。彼らは個人的にミニを買って改良し、普段乗るクルマとして使い始めたのだ。ジャック・ブラバム、ブルース・マクラーレン、ロイ・サルバドールなど、クーパーのチームのドライバーにもミニは人気があった。
　そんなある日、ジョン・クーパーは友人のイシゴニスに会いにロングブリッジに出かける。クーパーは、BMCからクーパー・カー・カンパニーに1台のミニの持ち出し許可を得られるよう力を貸してほしいと、イシゴニスに頼んだ。最初、イシゴニスはあまり乗り気ではなかったが、クーパーが熱心に頼んだので、二人は副

会長のジョージ・ハリマンに会いに行くことになった（ハリマンはレオナード・ロードの後継者となり、翌1961年にBMC会長に就任する）。

　ハリマンはジョン・クーパーの願いどおり、ミニを1台持ち出してテストすることに同意した。クーパーはこのミニにいくつかの改良を施そうと考えていたのだ。まず、パワーのある997ccのAシリーズエンジンを搭載する（前述のように、当時、クーパー・カー・カンパニーはBMCからフォーミュラ・ジュニア用にエンジンの供給を受けており、それがこのエンジンだった）。次に、ロッキード製のディスクブレーキを取り付けて制動能力を高める。さらに改良は続き、シフトレバーをリモート式に変更する。これによってシフトレバーは短くなり、操作がしやすくなった。

　イシゴニスはクーパーが施した改良について、前輪駆動を持つミニに果たして適切に機能するのか、懐疑的であった。そこでクーパーは、イシゴニスを説得するためにシルバーストーン（サーキット）に改良したミニを持ち込み、イシゴニスに試してもらおうと思い立つ。そしてイシゴニスが実際に走らせたところ、クーパーが改良を施したミニは、スタンダードのミニよりも1周を2秒ほど短縮できることが判明した。こうしてジョン・クーパーは、それまでミニはあくまでもファミリーカーであり、スポーツモデルの追加を真剣に考えていなかったイシゴニスを説得することに、ついに成功したのだ。

　次にクーパーは、改良を施したミニをロングブリッジに持って行き、デモ走行を行なった。当初、BMC副会長のハリマンは乗り気でなかった。というのも、BMCはミニの導入直後の問題対応をようやく終えたばかりだったからだ。ハリマンは、クーパーがチューニングしたミニは販売を増加させる可能性を秘めていることは理解していたが、レースで認可されるためには少なくとも1,000台は販売しなければならないと聞いて、なかなか積極的にはなれなかった。つまり、ハリマンは1,000台という台数を売り切るのは難しいと思っていたのだ。しかし、クーパーの情熱が、ハリマンの考えを変えさせた。ついにBMCは、F1での成功を連想させる"クーパー"と名のつくミニをマーケットに導入すると決定したのである。クーパーという名誉ある名を貸すこと、および開発を支援する代価として、ジョン・クーパーにはクーパーモデル1台につき2ポンドのロイヤリティが支払

第3章　新時代のクルマ「ミニ」

われることになった（参考：当時の固定相場制における為替レートを1ポンド=1,008円として換算すると、2ポンドは約2,016円）。

　クーパーが提案したこの新しいモデルには、"ADO50"という開発コードが与えられ、イシゴニスも開発に深く関わった。最初に、実験に使う3台の試作車の製造を指示する文書が1960年10月に発信されている。また、11月2日のメモでは、イシゴニスはスペックについても書いている。その内容は、クーパーのアイディアと同じで、997ccのフォーミュラ・ジュニアのエンジンを搭載し、リモート式のギヤチェンジ、フロントディスクブレーキの採用だった。このメモにはさらに、高速走行に耐えられるように、ダンロップが特注のナイロンコードのチューブレスタイヤの供給に合意したこと、また生産については1961年3月に開始し、週に20台を見込んでいると書かれている。

　3台の試作車の実験責任者はジャック・ダニエルズが務めた。イシゴニスもかなりの距離を自らテストドライブしており、増大したパワーにサスペンションがうまく適合していることに満足していた。

　しかし、3月に生産を開始するためには、2月中に外部からの供給品の準備が完了していなければならず、これは実行可能なスケジュールではないと判明する。この時点では、6月がいちばん早い生産開始可能な月であった。ところが、当初ADO50はオースティンのみで導入を予定していたが、結局モーリスでも導入すると決定し（その割合は、オースティン2台に対してモーリス1台）、その結果、両ブランドのグリルとバッジのデザインなど、検討すべき項目が新たに発生する（同時に治具に必要なコストも上昇）。このため、6月の生産開始は難しくなった。実際、4月後半になっても、最終設計を確認するための量産試作モデルが、まだ製造されていなかった。

　結局、6月には生産は開始できなかった。しかし、BMCは7月17日にプレス試乗会を行なうことを、すでに決定していた。この日を数週間後に控え、もはやこのイベントはキャンセルできない状況になっていたのである。当初、この試乗会には、オースティン50台、モーリス50台の計100台を準備し、またこのうち数台は海外のプレスのために左ハンドル車も準備しようと考えていた。しか

151

ミニ・クーパーのデビューを前に、オースティンは1961年4月にグッドウッドでカタログ撮影を行なう。クーパーチームのF1ドライバー、ブルース・マクラーレンも参加（左端）。

し、イベントを取り仕切っていたイシゴニスの判断により、モーリス5台、オースティン5台の計10台のみでプレス試乗会を行なうことになる。

こうして、1961年7月17日、BMCはAOD50のプレス試乗会を予定通り開催する。その場所は、スタンダードのミニの発表試乗会が行なわれたのと同じサリー州チョバムの軍用車両試験場である。また、この前日の夜には、ロンドンのケンジントン・パレスホテルでディナーパーティも開催しており、イシゴニスがこの会を取り仕切った。ドタバタ劇の末、ようやくこの発表イベントが開催できたことをまったく感じさせない、次のような挨拶をイシゴニスは堂々と行なっている。

「1年ほど前、私の長年の友人であり、ADO15の熱狂的なユーザーであるジョン・クーパーが、BMCはADO15のスポーツバージョンを誕生させるべきだと私に提案した時、それは良いアイディアだと思いました。そして当社の経営陣も、すぐにこの提案に賛同したのであります（後略）」

このパーティには、ジャーナリストだけでなく、ジャック・ブラバム、ブルース・マクラーレン、スターリング・モスをはじめとする27人のそうそうたるグランプリ・ドライバーたちも出席していた。

このように、ミニ・クーパーの発表イベントはどうにか無事に終了したものの、BMC は 400 台のクーパーモデルを生産するまでに、この後さらに 2 ヵ月かかっている。1961 年 9 月 20 日にプレスリリースが配信され、ついにミニ・クーパーの販売が開始された。しかし、ブレーキ、タイヤなど、レースで勝利を挙げるために BMC が解決すべき課題はまだ残されていた。

3　「ミニ・クーパー」とモータースポーツ

ミニ・クーパーの戦略

　ミニ・クーパーの誕生は、ミニがモータースポーツで活躍する転機となった。ミニ・クーパーは 1960 年代にモータースポーツで最も成功したクルマのひとつだといえる。ミニ・クーパーがデビューした 1961 年には、偶然にも、BMC コンペティション部門のコンペティション・マネジャーにスチュアート・ターナーが就任しており、BMC にとっては、モータースポーツにおいて、かつてない成功を国際的に収めた時代の幕開けとなったのである。

　1962 年のシーズンが始まるまでには、ミニ・クーパーのレースにおけるブレーキやタイヤなどの課題はようやく改善され、本格的にモータースポーツ活動を始める準備が整った。ミニ・クーパーのモータースポーツ戦略は、ラリーとサーキットの

1966 年当時の BMC コンペティション部門。アビンドン（オックスフォード近郊）の MG 工場内にあった。

二つに分けて立てられていた。BMCのワークスチームがラリーに出場し、クーパー・カー・カンパニーがサーキットでレースに出場するという戦略である。そして、どちらもすぐに結果を出した。まず、1962年5月にBMCワークスの有力ドライバーのパット・モス（スターリング・モスの妹）が、オランダのチューリップ・ラリーに出場し、ミニ・クーパーは初の総合優勝を果たしている。また、同年9月には、ジョン・ラブがブリティッシュ・レーシング・アンド・スポーツカー・クラブ（BRSCC）のナショナル・サルーンカー・チャンピオンシップで優勝し、これに続いた。

イシゴニスもクーパーの活動に協力

　イシゴニスはモータースポーツ・ビジネスには関心がないと言っていたが、それでもミニのモータースポーツ活動には協力的だった。「参戦するからには、勝たなければ時間の無駄だ」と言って、ジョン・クーパー、BMCコンペティション部門のスチュアート・ターナーを大いにサポートした。普段アビンドンのMG工場に席を置くターナーは、毎月一度、ロングブリッジを訪ねて生産車のスペックがレースのレギュレーションに適合しているかを確認していたが、イシゴニスも同行し、エンジニアたちにさまざまな指示を出していたという。また、イシゴニスは個人的にもミニ・クーパーのレースでの活躍を楽しみにしていた。

　1963年9月、パディ・ホプカークはツール・ド・フランスに出場している。これは公道を数日間走り、ゴールのモンテカルロを目指すレースだった（有名なモンテカルロ・ラリーとは別の大会）。イシゴニスは、ちょうどこのツール・ド・フランス大会期間中の金曜日に、オックスフォードでBBCの記者からTVインタビューを受けていた。インタビューが終わり、記者とパブに行ってランチを楽しんでいた時、イシゴニスは、BMCがツール・ド・フランスで勝利を手にしようとしているという情報をこの記者から得た。それですぐに、BMCの広報責任者のトニー・ドーソンに連絡をとったところ、ハンディキャップ制を採用しているこのレースで、パディ・ホプカークがリードしていることを確認した。イシゴニスはドーソンに、「急いでフライトを予約してくれ。今夜中にモンテカルロへ行こう」と頼み、二人はすぐにロンドンからモンテカルロへ飛んだ。そして翌日、イシゴニスとドーソンはこのレースの最

第 3 章 新時代のクルマ「ミニ」

終ステージを観戦する。イシゴニスの応援の甲斐あってか、パディ・ホプカークのミニ・クーパーは、1963 年のツール・ド・フランスで見事に優勝を果たした。

クーパー S の登場で躍進

　ミニがモータースポーツで成功した大きな要因のひとつとして、エンジンの選択の幅が広かったことが挙げられる。1963 年 3 月、「ミニ・クーパー S」（1071cc）が導入される。これによって出場者は、これまでのミニ・クーパー（997cc／1964 年以降は 998cc）に加え、ミニ・クーパー S を選択することも可能になったのである。クーパー S のエンジンには、結果的にレースカテゴリー 1.0L/1.1L/1.3L に適合する 970cc/1071cc/1275cc のエンジンを搭載するモデルが誕生した。クーパー S の登場により、1964 年のヨーロピアン・ツーリングカー・チャンピオンシップでウォーリック・バンクスが優勝し、有名なモンテカルロ・ラリーでも、パディ・ホプカークが 1964 年に初の総合優勝に輝くことができた。

　ミニ・クーパーはさまざまなラリーやレースで成功を収めるが、とりわけよく知られているのは、このモンテカルロ・ラリーでの優勝であろう。毎年 1 月に開催されるこのイベントは、真冬に行なわれる唯一のラリーであった。当時、参加車は、ヨーロッパの異なる都市からそれぞれスタートしていた。ちなみに、パディ・ホプカークの 1964 年のスタート都市は、ベラルーシ（当時はソ連）のミンスクであった。雪と氷の厳しい条件下で 2 日間戦った後、出場者はフランスで合流する。その後、

1964 年のモンテカルロ・ラリーで初の総合優勝を果たしたパディ・ホプカーク。コドライバーのヘンリー・リドンとともに表彰式に。「モナコのグレース公妃に表彰式でお会いできたことが素晴らしい思い出になっている」と、ホプカークは後に語っている。

定例ルートを走って目的地のモナコへ向かう。さらに厳しい走行条件で行なわれるラリーは他にもあったが、モンテカルロほどわくわくし、注目されるラリーはなく、ミニの活躍を輝かしいものにした。パディ・ホプカークの1964年の優勝は、イギリスのどの新聞でも1面に大きく報じられている。優勝車両のミニ（登録ナンバー：33EJB）は、イギリスへ戻る船に積まれる前に、パリでビートルズと一緒に写真撮影が行なわれ、また日曜夜のゴールデンタイムのTV番組にも登場している。

ミニが成功すればするほど、モータースポーツ活動にはますます拍車がかかった。BMCはワークスチームのラリー出場を続け、またクーパー・カー・カンパニーのレースプログラムでも、公式スポンサーとなった。特に1964年から1966年にかけて、BMCは巨額の費用をモータースポーツに投資している。

ダウントン・エンジニアリングの貢献

ところで、ミニのチューニングを初期に始めたダウントン・エンジニアリングは、その後もチューニングを続けていた（第3章の2「ミニ・クーパー（ADO50）の誕生」を参照）。ミニ・クーパーが登場すると、ダウントン・エンジニアリングの経営者ダニエル・リッチモンドは、そのエンジンの開発とチューニングに関わることになり、ダウントンのミニは、初期のクーパーのパワーユニットの試験車両として使われた。その功績が認められ、1962年5月にダウントン・エンジニアリングはBMCとコンサルタント契約を結んでいる。BMCとリッチモンドの関係は、口約束が中心のBMCとクーパーとの関係よりも明確であった。ダウントン・エンジニアリングは契約料を受け取る代わりに、両者の関係が公表されることはなかった。

ダウントンはBMCとの技術情報を他の自動車会社に提供することは禁じられていたが、個人の顧客にサービスを提供することは認められていた。こうして、ダウントン・エンジニアリングは、エンジンのチューニングのスペシャリストになった。BMCは有名な顧客からのリクエストに応じて、ロングブリッジ工場から直接、ダウントン・エンジニアリングに車両を供給したこともあったという。そのなかには、アガ・ハーン（イスラム教イスマーイール派の指導者）、スティーブ・マックイーン、ダン・ガーニー、スノードン伯爵などの名前があった。また、1964年には、イシゴニスも特別なクー

第3章　新時代のクルマ「ミニ」

パーSをダウントンに依頼している。このクーパーSは、個人的にミニを購入したエンツォ・フェラーリに納車された（エンツォ・フェラーリとイシゴニスについては、Column2を参照）。

オーラを持ち始めたミニ

　1965年までには、ミニ・クーパーはさまざまなラリーやサーキットに登場するようになる。モータースポーツに熱心なアマチュアドライバーたちが所有するミニ・クーパーも、BMCが公式スポンサーとなった多数のレースに参戦していた。戦前のオースティン・セブンがそうであったように、ミニの熱心なファンの人たちは、自分のミニを好みに合わせて改造し、レースに出場した。

　その後も、BMCのワークスチームは成功を続ける。1965年のモンテカルロでは、ティモ・マキネンが優勝している。そして1966年も、ティモ・マキネン、ラウノ・アルトーネン、パディ・ホプカークの順でフィニッシュし、1位から3位までを独占したと皆が喜びにわいていた。しかし、レース後、ヘッドライトがレギュレーション違反とみなされ、ミニ・クーパーは3台とも失格になってしまったのである。この失格は議論を巻き起こした。イギリスの報道陣と世論は、フランスの審査員たちがイギリスの小型車の大活躍に嫉妬して失格させ、フランスのシトロエンを優勝させたに違いないと思っていたからだ。失格になった直後はだれもががっかりしていたが、この判定により、かえってミニに注目が集まった。優勝に繰り上がった

イングランド北西部のサーキット、オールトンパークを疾走するモーリス・ミニ・クーパーS（1965年撮影）。

157

1965年のモンテカルロ・ラリーで2度目の優勝。この時のドライバーはティモ・マキネン、コドライバーはポール・イースター。

シトロエンのドライバーのトイヴォネンは、「名ばかりの勝利です」と喜ぶ様子もなく語った。そして失格になった3台のミニはイギリスに戻ると、1964年と1965年に優勝を果たしたミニが凱旋した時以上に、大きな喝采で迎えられたのである。

翌1967年、ミニ・クーパーは再びモンテカルロに参戦する。そして、モンテカルロ・ラリーでの最終勝利となる三度目の優勝を飾る。この時の優勝ドライバーは、アルトーネンだった。

スポーティなクーパーモデルの成功によって、スタンダードのミニにも注目が集まり、ミニの人気にさらに拍車がかかった。また、ロイヤルファミリーや多くの著名人が所有するクルマになったこともあり、ミニはあこがれのクルマとして、同時代の多くのクルマのなかで別格の存在になったのだ。フォード・アングリア、トライアンフ・ヘラルド、ヒルマン・インプといったクルマも強力なライバルとして現れたが、オーラを持ち始めたミニに対抗して、長期的に肩を並べることはできなかった。

Column 2　イシゴニスの友人、エンツォ・フェラーリ

　ミニの誕生後にイシゴニスは昇進し、1961年にBMCの技術統括責任者に就任した。責任の範囲が広がったものの、エンジニアとしての仕事だけに専念できなくなくなり、イシゴニスは苛立ちを覚えることもあったようだ。しかし、嬉しいこともあった。そのひとつが、海外に出向く回数が増え、世界的に活躍する自動車業界の重要人物と交流を深める機会が増えたことである。1964年までは年に3〜4回だった海外出張は、その後少しずつ回数が増え、もっとも多かった1967年には11回出かけている。ジュネーブ、パリ、アムステルダム、ブリュッセル、フランクフルトなどのヨーロッパ各国で開催されたモーターショーに出向き、フェリー・ポルシェ、ダンテ・ジアコーサなどの自動車業界の著名人と知り合いになったり、モータースポーツの国際的イベントが開催されるサーキットへ行って、海外のジャーナリストたちと親交を深める機会を持ったりした。

　そして、エンツォ・フェラーリも、イシゴニスの友人の一人であった。エンツォ・フェラーリはイシゴニスより8歳年上だった。ひときわ存在感のあるこの二人には、クルマに対する熱い想い、物事に徹底的に取り組む性格、鋭いユーモアのセンスなど、互いに共感できる点がいくつかあったのだ。

　エンツォとイシゴニスには、マイク・パークスという共通の知り合いがいた。マイクの父ジョン・パークスはイシゴニスのアルヴィス時代の上司で、また友人でもあった。マイク・パークスは、1963年からスクーデリア・フェラーリに開発エンジニア兼リザーブドライバーとして所属していた（1967年のベルギー・グランプリでの大事故の後は、マネージメントとしてチームに貢献）。

　エンツォ・フェラーリとイシゴニスは、1960年代後半にはセルジオ・ピニンファリーナも交えて、イタリアのモデナで時々交流を深めていたという。こういう場合、イシゴニスには二つの楽しみがあった。まず、イタリアの豪華なランチを堪能し、エンツォとのユーモアの効いた会話を楽しむ。そしてランチの後には、最新のフェラーリにマイク・パークスと一緒に乗り込み、カントリーサイドに試乗に出かけるのが恒例となっていた。ある時、イシゴニスはル・マン仕様のフェラーリに試乗する機会に恵まれた。その助手席には、セルジオ・ピニンファ

エンツォ・フェラーリもミニ・クーパーSを個人的に所有していた。1964年にイシゴニスがマラネロを訪ねた時、ダウントン・エンジニアリングで特別なチューニングが施されたエンツォのクーパーSの前で撮影。

リーナが乗っていた。ピニンファリーナはこの時のイシゴニスの運転を生涯忘れることはなかった。イシゴニスがマラネロ工場近くの狭い道を猛スピードで駆け抜けるなか、ピニンファリーナはこの世の終わりかもしれないと、ひやひやしながら横に座っていたのだ。しかし試乗を終えたイシゴニスは、興奮した様子でこう言った。「このフェラーリの操縦性は、まったく驚異的だ。この世のものとは思えないね」

　本文で触れたように、エンツォ・フェラーリもミニを所有していた（写真参照）。

第 4 章　時代を築いた「ミニ」

1　マーケットに浸透する「ミニ」と派生モデル

「ミニ」誕生後のイシゴニスとチーム

　ミニがデビューした後も、イシゴニスはミニに対する自分の仕事はまだ進行中だと考えていた。横置きエンジン／前輪駆動のレイアウトを基本にミニの派生モデル、および大型と中型のモデルをつくってラインナップを完成させること、またそれを実行しながら、さらに先進技術を高めていくことが1960年代にイシゴニスが取り組むテーマとなる。ADO15（ミニ）を猛スピードで開発しなければならなかったイシゴニスのチームでは、1959年8月の発表後は時間的なプレッシャーからは解放され、その後の仕事には落ち着いて取り組めるようになっていた。

　この新たな目標に向かう前に、イシゴニスは、少人数で編成されていた彼のチームをA、B、Cの三つのグループに分けることにした。まずAグループでは、ジャック・ダニエルズがリーダーとなり、ジョン・シェパードがその補佐を務める。このグループの担当は、ADO15の改善と派生モデルの開発である。Bグループでは、クリス・キンガムがリーダーとなり、かつてXC9001と呼ばれ、モデルレンジのなかでもっとも大型のADO17（後の1800）の開発を担当することになった。そして三つめのCグループでは、モーリス本拠地のカウリーに拠点を置くチャールズ・グリフィンがリーダーとなる。担当は、かつてXC9002と呼ばれた中型モデル、ADO16（後の1100）の開発である。

　しかし、チームを三つに分けたことで、かえってうまくいかなくなってしまったと、ジャック・ダニエルズは後に話している。「基本的に仕事量が十分とはいえませんでした。もちろん仕事がまったくないなんてことはありませんでした

が、私は二つのグループで十分だったと思います」とダニエルズは語っている。おそらく彼の見解は正しかっただろう。このグループ分けの結果、仕事量の配分以外にも、それぞれのグループが治具や部品を個別に必要とする無駄を招いたからだ。つまり製造の観点からも、非効率だったといえる。

　イシゴニスは1961年11月にBMCの技術部門のトップである技術統括責任者に就任し、同時にオースティン・モーター・カンパニーの役員にも就任している。さらに2年後には、BMCの役員に就任する。この昇進をイシゴニスはもちろん喜んだが、一方でさまざまな仕事が増え、エンジニアの仕事に集中できる環境ではなくなってしまった。しかし、ミニが誕生した1959年から技術統括責任者に就任する1961年後半までの間に、イシゴニスはいくつかのプロジェクトを完遂させている。

派生モデルの誕生

　もともとミニは、小型で安価なクルマを提供し、その購買層を広げることを目標として誕生した。しかし、第3章で述べたように、長かった"戦後"がようやく終わり、1960年代に入って活力ある新たな時代が始まると、ミニは時代の象徴として迎えられ、誕生時に意図していた方向とは異なる道を歩んで成功を収めていた。1960年代のイギリスには、若者たちが親や周囲の大人たちからの独立を主張し、戦後の質素倹約の生活から抜け出したいと望む風潮があったが、ミニはこうした若者たちから絶大な支持を得たのだ。とはいえ、この質素な小型車が自動車市場の拡大に影響をおよぼさなかったわけではない。特に中古車販売では、初めてクルマを購入するドライバーにとって、ミニは手に入れやすいクルマになっていた。

　ミニの販売が勢いを増すにつれて、その路上における存在感はさらに大きくなっていく。イギリスの自動車学校ではミニを教習車として採用し、またイギリス自動車協会（AA）はサイドカー付きのオートバイに代えて、バンタイプのミニを採用した。郵便配達車や警察のパトロールカーとして活躍するミニの姿も、よく見かけるようになっていった。

第 4 章　時代を築いた「ミニ」

木目のフレームが印象的な「モーリス・ミニ・トラベラー」。イギリスのカントリーサイドを想像させるデザイン。

　標準ボディ（サルーン）に加えて、多数の派生モデルが生産されたことで、ミニの魅力はさらに増していく。1960 年には、ワゴンの「オースティン・セブン・カントリーマン」と「モーリス・ミニ・トラベラー」が追加される。これは、コーチビルダーによって手作業でつくられたモーリス・マイナーのワゴンを手本に製造されたモデルだった。しかし、マイナーの木製フレームは本格的にボディに組み込まれていたが、ミニのフレームは簡易な方法で取り付けられた。このフレームは、もともとはイギリスの田園のイメージをつくり出す目的で取り付けられたと思われる。続いて、フレームの付かない仕様がオプションとして追加され、輸出向けにはこの仕様が標準となった。ワゴンは標準ボディよりもホイールベースが 4inch（約 102mm）長く、またリヤのオーバーハングも長い。全長は、標準ボディの

1961 年に派生モデルのピックアップが誕生。標準ボディのミニよりもホイールベースが長い。

木目調フレームのないタイプの「モーリス・ミニ・トラベラー」。フレームのつかない仕様は、おもに輸出向け。

163

120.5inch（約3061mm）に対して、ワゴンは130inch（約3302mm）に伸びている。

1960年発売のバンと、1961年発売のピックアップの全長も、ワゴンとほぼ同サイズになっている。バンは税金（物品税）が優遇されていたため、特に人気があった。しかも、購入後にサイドパネルの代わりにリヤのサイドウィンドウを取り付けたり、リヤシートを取り付けたりすることが可能だったのだ。こうして、高い経済性と実用性を持つ、"日常の足"となるクルマが手頃な価格でマーケットに送り出され、1960年代のイギリスの街の通りでは、あちこちでミニのバンの姿が見られた。

派生モデルを担当していたAグループのダニエルズとシェパードは、ミニのシンプルさに共感できない顧客層に向けて、ラグジュアリーなミニ、「スーパーデラックス」を誕生させている。また、さらに上級装備をもつ「ウーズレー・ホーネット」と「ライレー・エルフ」も追加されたが、この二つのモデルのエクステリアを手がけたのは、BMCに所属していたイタリア人デザイナーのディック・ブルジだった（ミニ・スーパーデラックス、ホーネットとエルフについては、第3章の1「"時代の象徴"の誕生」も参照）。

また、AT仕様のミニも1965年秋に発表されている。これも当時では革新的な内容のモデルであったといえる。この時代のATは3速が一般的だったが、ミニのATはオーバードライブ付きの4速ATを採用していた。このタイプのAT

交通量の多いロンドンの街中を軽快に走る「モーリス・ミニマイナー・スーパーデラックス」（1963年撮影）。

がイギリスで設計および生産されたのは、この時が最初である。また当時、安価なモデルにはAT仕様が設定されることはほとんどなかったので、身体に障害のあるドライバーには、このミニは人気があった。この4速ATは、BMCとオートモーティブ・プロダクツ社（本拠地：イギリス中部のレミントンスパー）との共同事業によって開発された。

2　ミニの兄たち　～「1100」（ADO16）と「1800」（ADO17）～

「1100」（ADO16）

　イシゴニスはミニの設計概念を基本に、他のモデルの開発も行なっている。1956年に石油危機が起きて以来、開発の優先順位は変更されたが、前述のように、もともと計画していた製品ラインナップには大型と中型の二つのモデル開発が残されていた。そのうち、中型モデルのコードネームXC9002は、やがてADO16という正式な開発コードになり、1962年に「1100」という名でデビューしている。この名は、排気量1098ccのAシリーズエンジンを搭載していたことに由来する。

　ADO16（1100）の開発責任者はイシゴニスであり、基本設計を行なったのもイシゴニスであるが、日々の開発業務の指揮をとったのは、イシゴニスのチームの一員でカウリーに本拠地を置いていた、Cグループのチャールズ・グリフィンである。ロングブリッジにオフィスを構えるイシゴニスが、オックスフォードのカウリーにやって来るのは週に1日だけだった。そのため、ADO16にイシゴニスが関わる時間は自然と少なくなり、その分、グリフィンに任された役割は大きかったといえる。

　ミニの開発に取り組む前、中型モデルのXC9002は後輪駆動モデルとして開発が進められていたが、最終的にはADO16にも横置きエンジン／前輪駆動、そしてトランスミッションはエンジンの下に置くという、ミニと同じ基本レイアウトが採用されている。ミニの開発前と開発後では、イシゴニスのADO16に対する考え方は大きく変化している。1956年の時点では、4気筒縦置きエンジン／前輪駆動という組み合わせはスペースを取りすぎるとイシゴニスは考えていた。しかし、

ADO15（ミニ）の開発で横置きエンジンの採用に成功した後に、イシゴニスが描いたADO16のスケッチには、ADO15のアイディアが反映されている。ADO15より少し大きいADO16は、さらにスペースにゆとりのあるファミリーカーに仕上げることが可能だ。イシゴニスのスケッチには、Bシリーズエンジンの縦置き／後輪駆動の組み合わせ、Aシリーズエンジンの横置き／前輪駆動の組み合わせ、さらに新型のサスペンションか、それとも既存のサスペンションを選択するかといった、いろいろな組み合わせが描かれており、それらの可能性が検討されていたことが窺える。

　イシゴニスはADO16を単に"やや大きいミニ"として完成させるだけでは満足できず、ミニとは異なる新たなアイディアを取り入れようとしていた。しかし、このやり方には不都合な点もあった。BMCは最先端の技術を追求した製品を出し続けることができたものの、モデル間の設計の共有ができないため、組立工程での設備にかかるコストは高くなったからだ。ちなみに、ADO15（ミニ）とADO16の共有パーツは10％程度だという。

　ADO16はADO15よりも、全長が26.5inch（約673mm）、ホイールベースが13.5inch（約343mm）、それぞれ長い。

ハイドロラスティックの初導入

　ADO16（1100）に取り入れられた革新的アイディアは、イシゴニスとモールトンが開発した相互連結の流体サスペンション、ハイドロラスティックである。このサスペンションは、ADO16のデビュー時に初めて市販モデルに採用された。この新型サスペンションは、ミニがデビューした当時にはまだ開発の途中だった。イシゴニスとモールトンは10年におよぶ長い年月をかけて、ついにこのサスペンションを完成させたのだ。

　しかし、これだけ長い期間をかけて開発したにもかかわらず、イシゴニスは市販モデルにハイドロラスティック・サスペンションを採用することに気が進まず、ミニに使っていたラバーコーンタイプのサスペンションをADO16にも採用したいと思っていた。これはいったいなぜなのか？　その理由は今となってはわからな

第4章　時代を築いた「ミニ」

1962年、新型「モーリス1100」がデビュー。イシゴニスとモールトンが長年かけて開発したハイドロラスティック・サスペンションがついに完成し、この新型車の新機構として登場。左から、アレックス・モールトン、アレック・イシゴニス、チャールズ・グリフィン。3人はこの新サスペンションを紹介するディスプレイの前で話している。

いが、ひとつはハイドロラスティックを導入すれば、コストが高くなるという点が挙げられるだろう。一方、開発リーダーのグリフィンは、ハイドロラスティックをADO16の売りにすることが販売上必要だと考えていた。そこでグリフィンは、BMCトップのハリマンの力を借りて、イシゴニスにハイドロラスティックを採用するように要請する。こうして、新開発のハイドロラスティック・サスペンションはADO16（1100）への採用が決定し、ついに日の目を見たのだった。

ピニンファリーナとのコラボレーション

　ADO16のエクステリアとインテリアデザインの最終仕上げは、ピニンファリーナが手がけている。ADO15（ミニ）のデビュー前に、当時のBMC副会長だったハリマンが、口頭で意見を求めたのはバッティスタ・ピニンファリーナであったが、今回、ハリマンはバッティスタの息子、セルジオに仕上げを依頼した。こうしてADO16（1100）のエクステリアとインテリアは、ピニンファリーナによってさらに洗練された。

　イシゴニスとピニンファリーナは、1960年代には月に一度は打ち合わせをしていたという。打ち合わせはロングブリッジで行なわれることが多かったが、時にはイシゴニスがトリノに出向くこともあった。両者はお互いを認め合い、良好な協力関係にあった。特に1100は、両者の共同作業における最高傑作といっていいだろう。

イギリスでベストセラーのファミリーカー

　開発リーダーのグリフィンは1962年5月にカウリーからロングブリッジへ仕事の拠点を移しているが、その時点ではすでにADO16（1100）の生産は始まっていた。ADO16と関わりが深かったカウリーに敬意を表してか、最初にデビューしたのは、1962年8月の「モーリス1100」である。それからやや遅れて「MG1100」がデビューする。そして「オースティン1100」の登場は、翌1963年の9月となった。ミニより少し大型のこのクルマは、バッジエンジニアリングが大々的に採用され、ウーズレー、ライレー、ヴァンデンプラのバッジもつけて販売された。

　洗練されたエレガントなスタイリング、ロードホールディングに優れて運転しやすく、またイシゴニスのトレードマークであるスペース効率の良さも備えた1100は、幅広い層の人々にとって魅力的なクルマであった。欠点は錆やすいことだったが、1960年代当時、まだこの問題は他のメーカーのモデルでも発生しており、自動車業界がその後に取り組む課題のひとつだった。

　1100の販売は、BMCのイギリス国内の販売の3分の1近くを占めるほどの勢いだった時期もあり、イギリスでベストセラーのファミリーカーになった。イギリス国内での比較では、1100は常にミニの2倍は売れているクルマであり続けた。ある意味では、1100はもともとミニが目標としていたマーケットポジションを獲得したといえる。1962年のデビューから1974年の生産終了までの間に、200万台を超える1100が生産および販売されている。

「1800」（ADO17）

　かつて開発を進めていた大型モデルのXC9001も、その後やはり前輪駆動モデルとして新たに設計され、ADO17という正式な開発コードが与えられた。そして、1964年10月に「オースティン1800」が、1966年3月に「モーリス1800」がそれぞれデビューしている。さらに、1967年3月にはウーズレー・ブランドからもスタイリッシュな「ウーズレー18/85」が登場し、パワーステアリングとATがオプション設定された。1800という名も、排気量1798ccのBシリーズエンジンを搭載していることにちなんでつけられたモデル名である。

第4章　時代を築いた「ミニ」

ADO17 も 1964 年に「オースティン 1800」（右）、1966 年に「モーリス 1800」としてそれぞれデビューし、イシゴニスが手がけた ADO15（ミニ）、ADO16（1100）、ADO17（1800）の 3 つのモデルラインナップが完成した（1966 年頃撮影）。

　1800（ADO17）の開発リーダーを担当したのは、イシゴニスの B チームのクリス・キンガムだった。キンガムは 1960 年前半に ADO17 の担当になっているが、新型車の開発リーダーを務めるのはこの時が最初であった。1100 を担当したチャールズ・グリフィンがモーリスのカウリーに本拠地を置いていたのとは異なり、キンガムの本拠地はロングブリッジだったため、1800 の開発はつねにイシゴニスの目の届くところで行なわれていた。そのため、イシゴニスの好みが強く反映されている。
　アルヴィス時代からイシゴニスと一緒に仕事をしていたキンガムが、ロングブリッジでイシゴニスのチームの一員として 1956 年に最初に取り組んだ仕事は、XC9001 と XC9002 に搭載する 2 基の新型エンジンを開発することだった。しかし、BMC は XC9003（ミニ）の時と同様に、結局この二つのモデルについても既存のエンジンを採用するという方針を続けたので、かつての XC9001 である大型モデルの ADO17（1800）には、4 気筒の B シリーズエンジンが搭載されている。
　1800 にも横置きエンジン／前輪駆動というレイアウトを採用している。エンジンの下に置かれたトランスミッションには、イシゴニスが開発したモデルとしては初めて全ギヤにシンクロメッシュが用いられた。また、サスペンションには、前述の

1100で初導入されたハイドロラスティックが1800にも装着されている。

限度を超えた"ミニマリズム"

　1800（ADO17）も1100（ADO16）と同様に、ピニンファリーナがエクステリアとインテリアのスタイリングを施すことになった。だが、1100の時とは異なり、イシゴニスは再び"ミニマリズム"を実行しようと考えていた。そのため、ピニンファリーナのアイディアは積極的には採用されず、1800の装備は極めてベーシックなものとなっている。1800の飾り気のない室内を見た人々は、"殺風景"という印象を受けたという。イシゴニスは広い車内空間を強調したかったのかもしれないが、ラグジュアリーマーケットのエントリーモデルを目指す大型車には、ミニマリズムの概念はそぐわなかった。ミニではシックで粋に見えたエクステリアの削ぎ落とされたデザインも、1800では単に不恰好にしか見えなかったのだ。

　1800にはミニのような個性はなく、また1100のようなスタイリングの素晴らしさもなかった。しかし、ロードホールディングと室内スペースの効率性は極めて優秀であった。また、BMCはこのクルマの剛性の高さもアピールしていた。だが大型車の場合、スペースの効率性は、ユーザーにとって重要項目にはならない。ハンドブレーキが操作しにくい位置にあることがこのクルマの欠点のひとつといえたが、そうした特異なドライビングポジションや、シンプルすぎて華やかさがなかったことが、1800がヒットしなかった理由であろう。1800の総生産台数は11年間で40万台に届かなかった。これは、目標の販売台数とはかけ離れた数字だった。

　イシゴニスがミニの後に手がけた中型モデルの「1100」と、大型モデルの「1800」の明暗は、はっきりと分かれた。

3　進化する「ミニ」〜改良とMk II（1967年）〜

改良とMk II（1967年）

　ミニのファミリーが誕生するなか、ミニ自体の改良も行なわれていた。かつて販

第 4 章　時代を築いた「ミニ」

ビッグベンを背に、ロンドンを快走するモーリス・ミニ・クーパー S の Mk II（1968 年撮影）。

売部門の人たちが嫌悪感を覚えたミニの独特のスタイルは、今では人々に受け入れられただけでなく、ミニの魅力の源になっていた。そして、技術面にはデビューから約 10 年の間にいくつかの進化が見られた。

　まず、1964 年 9 月にはハイドロラスティック・サスペンションが標準ボディのモデルに追加され、1965 年秋には 4 速 AT も追加される（AT 仕様については、第 4 章の 1「マーケットに浸透する「ミニ」と派生モデル」を参照）。

　そして 1967 年には、Mk II が登場する。Mk II では、リヤウィンドウが大型化され、グリルのデザインも変更されている。また、旋回サークルが 32ft（約 9.75m）から 28ft（約 8.53m）へと短くなり、街中でいっそう走りやすいクルマになった。さらに、998cc エンジンが標準ボディのモデルに追加される。また、ライレー・エルフとウーズレー・ホーネットには、巻き上げ式のサイドウィンドウが付けられた。

イシゴニスのこだわり

　イシゴニスは、巻き上げ式のサイドウィンドウよりもスライド式のサイドウィンドウの方が優れていると考えていた。この時すでに BMC の技術統括責任者に就任し、また役員にも就任していたイシゴニスは、（エルフとホーネット以外には）ミニとそのファミリーのスライド式の廃止を許可しないと、固く決心していた。イシゴニス

171

のこのエキセントリックな考え方のために、思わぬとばっちりを受けたのは、マーガレット王女と結婚したスノードン伯爵である。ある時、スノードン伯爵のミニは特別なチューニングを施すためにロングブリッジ工場に入庫していた。だが、チューニングを終えて戻ってきた時には、以前お金を払って変更した巻き上げ式サイドウィンドウが取り外され、スライド式に戻されていたのである。イシゴニスにこのことを訴えると、悪びれた様子もなくこんな返事が返って来た。「マーガレット王女の大切な髪を守らなければと思って、取り替えたのですよ」
　長年、アレック・イシゴニスの友人だったスノードン伯爵には、むろんイシゴニスの真意がわかっていた。後年、スノードン伯爵は次のように話している。
「アレックは、ミニをいじらないでくれ、と言っていたのでしょうね。ミニは安く手に入れられるベーシックなクルマとしてつくったのだし、人々の日常の足となることがこのクルマの使命なのだから、と。彼はこの点に強いこだわりを持っていたのです。ミニをゴテゴテに飾り立てることは我慢できなかったのでしょう。ギミックが大嫌いでしたから」
　イシゴニスはミニをさらに良いクルマにしたいという考えから、長期にわたって改善に取り組んだ。だが、彼が許可した改善は、おもにメカニズムに関わる部分だった。ミニというクルマの基本概念に関わる部分は、いわば聖域であり、決して変更してはならないと考えていたのだ。スライド式サイドウィンドウには特に強いこだわりがあったことは、次のエピソードからも窺える。
　当時、スライド式サイドウィンドウは、特に西インド諸島、アフリカ、アジアといった暑い国の販売代理店から不評を買っていた。暑さが厳しいこれらの国では、スライド式の換気効率の悪さは、販売に大きく影響する深刻な問題だったからだ。実際、1961年10月に西インド諸島のある販売店から、スライド式は販売上の足かせになっていると抗議する手紙がBMCに届いている。また、1962年9月にイスラエルの販売代理店からも同様の手紙が届いており、その手紙は、"スライド式のウィンドウを設定したエンジニアは、われわれの国の夏の暑さをまったく理解していません。ぜひ実際に中東を訪れ、厳しい暑さのなかでミニを走らせれば、スライド式の車内は拷問ともいえるほどの劣悪な環境だとご理解いただけるでし

ょう"と強い調子で書かれている。彼らにしてみれば、スライド式のメリットであるドアの内側の小物入れのスペースをあきらめ、またたとえ価格が少し高くなったとしても、巻き上げ式サイドウィンドウはどうしても必要な装備だったのだ。しかし、イシゴニスは断固として、スライド式を継続した。

　ところで、巻き上げ式サイドウィンドウ以外にも、イシゴニスが受け入れなかった"改良"項目があった。1961年6月、BMCのサービス部門はウッドのダッシュボードをオプションとして設定したいと提案した。しかし、この提案もイシゴニスははねつけている。小物入れの付いたセンターメーターのシンプルなダッシュボードは、イシゴニスが考えるミニのもうひとつの重要な要素だったからである。結局、ウッドのダッシュボードはウーズレー・ホーネットとライレー・エルフには採用されたが、ミニの上級モデルのオプションにはならなかった。

　また、早い時期から苦情が多く、問題になっていたにもかかわらず、改善に時間がかかった項目がもうひとつあった。それは、トランスミッションの品質改善である。当初、ミニの第1速ギヤにはシンクロメッシュは採用されていなかった。そして、第1速へのシンクロメッシュは、1967年から1968年にかけて段階的に付けられている。ところが、すでに1961年9月には、977件のクレームに対して17,000ポンド（約17,136,000円／下の注を参照）の費用をかけて修理や部品交換などの対応をしたという報告が、BMCのアフターサービス部門からイシゴニスに届いていた。早急の改善を要請されたが、驚くことにイシゴニスはすぐに対応しておらず、前述のように、実際に改良されるまでに6年ほどかかっている。運転しやすいクルマの設計を重視していたイシゴニスであるが、シンクロメッシュの改善には、なぜこのように長い期間がかかってしまったのだろうか。
（注：当時の固定相場制における為替レートを、1ポンド=1,008円として換算した参考値）

4 「ミニ・モーク」、およびスペシャルなミニ

「ミニ・モーク」

　ミニのシャシーを使って他の目的のクルマをつくろうというプロジェクトも、いくつか進められた。そのなかで生産まで至ったひとつが「ミニ・モーク」であった。ADO15ベースのこのクルマの暫定スペックは、ミニがデビューする半年前の1959年2月に設定され、XC9008というコードネームが与えられている。そのスペックリストによれば、ボディの形状は"ジープ型のオープン"とされている。1959年5月までに、1台の試作車に1,748mile（約2,813km）の走行テストをサリー州チョバムの軍用車両試験場で実施しており、そのうちの360mile（約580km）は起伏の多い地形を走行している。

　当初、ミニ・モークは軍用車として開発されていた。小型で軽量なモークは気軽に運転できるので、イギリス軍にとって使い勝手の良い軍用車になるだろうとBMCは期待していた。ところが、ホイールが小さすぎて最低地上高が軍用車としては十分ではないことが、走行テストによって判明する。

　しかし、BMCはその後もモークの開発を続けた。そして数年が経過した1962年4月、南アフリカの販売代理店から、モークはランドローバーの代わりになり得るかという問い合わせがBMCに届く。これを聞いたイシゴニスは、モークはオフロード車として設計されておらず、四輪駆動ではないことを販売関係者に

ミニの前輪駆動とサスペンション、848ccのAシリーズエンジンが搭載されて1964年に誕生したミニ・モーク。当初は軍用車として開発が始まったが、レジャー向けのクルマとなる。

第4章　時代を築いた「ミニ」

1962年に開発が試みられた「ミニ・ツイニー・モーク」の車内。前後に1基ずつ、計2基のエンジンを搭載する四駆モデルに仕立て直されている。リヤのエンジンは、ミニのフロントサブフレームを利用してマウント。シフトレバーも二つ存在している。操作が複雑で、車重が重いなどの理由で、この四駆のモークは誕生しなかった（BMIHT所蔵）。

しっかりと知らせるべきだと、BMCのマーケティング担当者にアドバイスした。

　これまでにも何度かあったように、BMCはモークをどのマーケットに向けるのか、はっきりできないままに開発を続けていたようだ。製品ラインナップのなかでモークの役割を見つけることができなかったのだ。結局モークはレジャー向けのクルマとなり、製造と販売は限られた台数にとどまった。とはいえ、モークは長期にわたって製造された。その生産工場は何度か変更されている。まず、1964年にイギリス（ロングブリッジ）で製造が始まり、次に1968年にオーストラリアへ移り、1981年からはポルトガルで生産された。そして、1996年に生産が終了する。

　モークをもっと本格的な走破性を持つモデルにしようとする動きは、何度か見られた。そのひとつが、2基のエンジンを搭載した試作車、「ミニ・ツイニー・モーク」であった（写真参照）。また、1970年代後半には、オーストラリアで四輪駆動のモークの開発実験が行なわれている。だが最終的に、モークが四駆に生まれ変わることはなかった。しかし、見た目が個性的なモークは、映画007シリーズや1960年代のTVシリーズ、『ザ・プリズナー』の一場面に登場している。

「オースティン・アント」（ADO19）

　イシゴニスは1964年にコードネームで「オースティン・アント」と呼ばれたADO19

175

に取り組み始めた。"アント"は、アルファベットでは"Ant"と書き、これはイシゴニスのチームメンバーによれば、"Alec's New Toy（アレック・イシゴニスの新しいおもちゃ）"という意味だといわれている。新たなインスピレーションのもと、イシゴニスがこのクルマの開発に没頭していた姿が、このコードネームから感じられる。

ADO19は、軽量な小型SUVモデル（パートタイム四輪駆動）として開発された。作動範囲の広いトーションバーを持つ独立懸架式サスペンション（前後）が与えられ、12inchのホイールが設定されているADO19は、モークよりも大型で、最低地上高も改善されている。基本的にはミニと同じテクノロジーを持つADO19に、イシゴニスはクロスカントリーにふさわしい設計と強度を加えようとしていた。また低価格モデルとして導入し、小規模農家の人たちが仕事の移動に使えるクルマを目指していた。

このADO19の開発は、1968年には取扱説明書と整備書がつくられる段階まで準備が進み、同年7月には6台の試作車がつくられ、そのうちの2台は北米に送られてテストが実施されている。その後、さらに14台の量産試作車が製造され、世界各地に送られてテストが続けられていた。しかし、1968年にBMCとレイランド（LMC）の合併によってブリティッシュ・レイランド（BLMC）が誕生したことで、導入計画の見直しが行なわれ、1969年3月にADO19の導入は中止される。この合併については次のセクションで述べるが、新たに誕生したブリティッシュ・レイランドには、SUVのランドローバー（当時はシリーズIIAの時代）が存在していたため、ADO19はランドローバーよりも小型であったものの、最終的に

イシゴニスは1968年に、小型四輪駆動モデル（ADO19）を誕生させようとしていた。その名は「オースティン・アント」の愛称で親しまれたこのモデルは、量産試作車も製造される段階まで進んでいたが、BMCとレイランドの合併の影響を受けて、残念ながら市場には導入されなかった（BMIHT所蔵）。

ADO19の市販化は実現しなかった。

　誕生には至らなかったものの、小型SUVのADO19からは、新たなマーケットを模索するイシゴニスの先見性が見受けられる。後に、日本メーカーが四輪駆動の小型SUVを登場させるが、イシゴニスが「オースティン・アント」と呼ばれたADO19に取り組んでいたのは、それよりも前のことである。

2シーターモデル（ADO34）

　ADO34は、2シーターモデルにミニ・クーパーのエンジンを改良して搭載しようというアイディアのもと、開発が進められていた。2台の試作車がつくられ（ハードトップとソフトトップを各1台）、その後ピニンファリーナがスポーティなボディスタイリングに仕立てている。だが、もともとミニは平均的な家族の4人乗りのクルマとして導入されており、2人乗りはふさわしくないという結論に至り、この取り組みは実を結ばなかった。

　また、ビーチカーをつくるプロジェクトも検討された。少なくとも15台の試作車が準備されたものの、これも市販化には至らなかった。

　モーク、ADO34（スポーツカー）、ビーチカーのいずれのプロジェクトにも、多大な時間、労力、コストがかけられたが、マーケティングや市場での競争についてはあまり考えられておらず、BMCという会社とイシゴニスの弱点が表面化しているといえる。革新的なアイディアにひたむきに取り組むことはイシゴニスの得意とするところであったが、戦中戦後にモーリス・マイナーに取り組んでいた時とは異なり、イシゴニスはいまや技術統括責任者という要職に就く身であり、

ピニンファリーナが1960年にスタイリングを手がけた2シーターモデルの試作車。ミニ・クーパーのエンジンを改良して搭載することが検討されたが、結局これも市販化には至らなかった。

正しい道に導いてくれる人は、もはや彼の周囲にはいなかったのだ。

スペシャルなミニ

　当時、スペシャルなミニをつくろうという動向はコーチビルダーの間でも見られ、実際、特別なミニがつくられていた。カブリオレへの改造は人気があったし、ミニの駆動系をベースにしたワンオフのスポーツモデルも数多く登場した。物品税を支払わなくてもよいように、キットカーとして独自のミニを商品化した会社もあった。この手法で有名なのは、「ミニ・マーコス」だった。ウィルトシャー（イングランド南部）のマーコス・カーズが手がけたこのクルマには、グラスファイバーのボディとシャシーに、ミニのメカニカル・コンポーネントが取り付けられている。軽量のミニ・マーコスはレースで成功を収めた。

5　映画『ミニミニ大作戦』とイギリス自動車業界の再編

映画と合併

　1968年が近づいていた頃、ミニに映画『ミニミニ大作戦』に"出演"してほしいという幸運な申し出がBMCに届き、ミニは映画界の大物、マイケル・ケイン（俳優）とノエル・カワード（俳優／劇作家）と共演することになった。後にこの映画は、ミニと同じように人々の記憶に残る作品になる。

　しかし、ちょうどこの映画の制作が始まった頃、労働党のウィルソン内閣が苦闘するイギリスの自動車産業に関心を持ち、イギリス自動車業界は再編へと動き出そうとしていた。ウィルソン内閣は、1967年末に向けてイギリスの2大自動車会社の合併を進めていたのだ。具体的には、ローバー、トライアンフなどのブランドを持つレイランド・モーター・コーポレーション（LMC）と、BMCの合併である（BMCはジャガー・カーズとプレスト・スティール社を吸収合併し、1966年に"ブリティッシュ・モーター・ホールディングス"、略して"BMH"へと社名を変えているが、本書では混乱をさけるため、引き続き"BMC"と呼ぶことにする）。しかし、これは合併というよりも、実際にはBMCがレイランド・モーター・コーポレーション

に吸収されたと考える方が正確である。合併は1968年1月に発表され、同年5月にブリティッシュ・レイランド・モーター・コーポレーションが正式に誕生する。なお、この新会社は"BLMC"という略称で呼ばれることもあるが、この先も社名変更は続くので、本書では"ブリティッシュ・レイランド"と呼んでいく。

　イギリスの自動車業界は、ヨーロッパやアメリカの自動車メーカーだけでなく、台頭する日本の自動車メーカーとの戦いにも備える必要があり、競争力を強化するためにこの合併は実行されたのであった。合併は1968年1月に発表され、その後の数ヵ月間は新体制を整える話し合いの期間になった。これまでBMCのトップを務めていたジョージ・ハリマンはこの間に病気になったため、新体制でハリマンが実権を握る可能性はこの時点でなくなり、同年9月に名誉職に就く。そして、レイランド・モーター・コーポレーションのトップを務めていたドナルド・ストークスが、合併で誕生したブリティッシュ・レイランドの最高経営責任者に就任する。この一連の出来事は、映画会社にとってはタイミングが悪かったといえる。

　ちょうどこの合併が行なわれた時期に、映画『ミニミニ大作戦』は制作され、翌年の1969年6月2日に公開された。映画に登場したミニは赤、白、青の3台であったが、目を見張るような離れ業を演じるシーンを撮影するには、数十台のミニが必要とされていた。合併に向けて社内問題の解決を優先していたBMCは、この映画を絶好の宣伝の機会としてとらえたが、制作費用を負担するには難しい状況にあった。結局、6台のミニを卸売価格で制作会社に提供し、残りの30台については小売価格で販売することになる。しかし、先に納車されたクルマと、後で納車されたクルマのカラーコードが一致せず、映像の整合性に大きな問題が生じ、映画会社はこれに対処しなければならなくなった。カーチェイスのシーンはイタリアのトリノで撮影され、そのなかにはフィアット工場の屋上テストコースで撮影されたシーンもある。当時のフィアット会長のジャンニ・アニェッリは数台のフィアット・ディーノを無償で提供したり、彼の影響力を駆使してトリノ警察に掛け合い、映画撮影のために道路の通行規制を行なわせたりしたという。さらにアニェッリは、ミニに代えてフィアットを使って欲しいと映画の制作会社に働きかけた。しかし、映画関係者によれば、「イギリス的な手法で、イタリア人を打ち負

かすイギリス人を描くことがこの映画のテーマでした」とのことで、映画で活躍するクルマは、イギリスを代表するミニでなければならなかったのだ。プロデューサーは良い条件のオファーを断り、主役はミニのまま撮影は続行された。

イシゴニス、技術統括責任者を退く

　イシゴニスは自分がつくったクルマが映画に登場して重要な役割を演じたことをとても喜び、貸し切りの映画館で友人たちと一緒に『ミニミニ大作戦』を楽しんだ。

　だが、ブリティッシュ・レイランドが誕生したことは、これまでのような会社の中心的エンジニアとしての任務を終えるきっかけになった。合併の結果、1968年3月にイシゴニスは技術統括責任者の任務を解かれ、"研究開発部門"と名づけられた新設の部署に異動し、新型車開発に専念することになる。聞こえはよいが、この人事はいわば左遷であった。そして翌1969年の春、イシゴニスが合併前から取り組んでいた新型「オースティン・マキシ」が導入されるが、このクルマの販売はまったく奮わなかった。この結果、イシゴニスの更迭は決定的なものになった。

　1969年、スタンダード・トライアンフ出身のハリー・ウェブスターが、イシゴニスの後任として、合併後に誕生したオースティン・モーリス事業部門の技術統括責任者に正式に就任した。

「マキシ」（ADO14）はどんなクルマか

　新型車マキシ（ADO14）は当初、1100（ADO16）と1800（ADO17）の中間のサイズになるはずであったが、安全性を高めようとしたためか、実際には1800に近い大きさになっている。

　マキシには、4気筒／1485ccのEシリーズエンジンが横置きに搭載されている（後に4気筒／1748ccも登場）。このエンジンは、既存のAシリーズとBシリーズの中間の性能を持ち、また既存のエンジンと共有の機械で製造が可能なパワーユニットとして、合併前にBMCが設計していた。当初、排気量は1300ccになる

第 4 章　時代を築いた「ミニ」

ブリティッシュ・レイランド・モーター・コーポレーションの誕生後、最初の新型車としてデビューしたオースティン・マキシ。このクルマの販売がふるわなかったことを理由に、イシゴニスは長年務めた技術部門トップの座を降りる。マキシはイシゴニスが市場に送った最後のクルマとなった。

計画であったが、パフォーマンスが十分ではないという理由で、最終的に排気量は 1485cc に変更されている。

　トランスミッションには、この時代としてはまだ珍しい 5 速 MT（オーバードライブ付き）が組み合わせられ、ミニと同様にエンジンの下のオイルパン内部に置かれている。しかし、その操作性は極めて悪かった。誕生から間もない頃、マキシのシフトチェンジのしにくさは、ミニの水漏れと同じようにイギリスでは有名になったという。また、サスペンションは独立懸架式であり（フロント：ウィッシュボーン式、リヤ：トレーリングアーム式）、1100 や 1800 と同様に、ハイドロラスティックが採用されている。

　マキシ（ADO14）もイシゴニスが手がけた他のクルマと同じように、室内スペースは最大限有効に設計され、シートは水平に折りたたむことができた。しかし、インテリアは質素で、経営トップのストークスは、「あまりにも簡素で、まるで鶏小屋のようだ」と言ったという。ハッチバックスタイルを採用したボディのスタイリングも同様に、イシゴニスが好むシンプルな仕上げとなっている。ちなみにマキシのドアパネルには、コストを節約するために、1800 と同じ金型が使われた。

　ADO14 の開発は BMC 時代に始まっており、当初は「1500」というモデル名になる予定であったが、ブリティッシュ・レイランドの誕生後、経営トップのストークスはちょうど 10 年前に誕生した「ミニ（Mini）」と関連がある名前をつけようと

考え、「マキシ（Maxi）」という名で ADO14 を発表した。ストークスはこの"大きい"という意味の名を持つ新型車を投入することで、新たに誕生したこの会社は小型車ではなく、大型車および中型車のマーケットに力を入れていくことを表明したのだ。

　マキシ（ADO14）の開発が開始された時、ミニ、1100 を成功させたイシゴニスは、BMC の技術統括責任者として、エンジンをはじめとするすべてのコンポーネントを自由に選択し、思うままに設計を進められる立場にいた。それなのに、なぜイシゴニスはこのクルマを成功させることができなかったのだろうか？ イシゴニスはマキシについてインタビューで語るなど、何のコメントも残していないし、マキシに関連するスケッチも一枚も残っていない。したがってその理由を考察する材料はほとんど残されていない。以下は推測だが、BMC の技術部門のトップであり、また役員でもあったイシゴニスは忙しさに追われ、ADO14 のプロジェクトを十分に指揮することができなかったのかもしれない。あるいは、イシゴニスはミニの後継モデルとして検討していた、"9X"と呼ばれる小型車プロジェクトに全力を傾けていたのかもしれない。イシゴニスはこの小型車には、完全に新開発の新型エンジンを採用するつもりでいたので、いっそう力を入れて取り組んでいたであろう。イシゴニスは小型車が好きであることを特に隠していたわけではなかったし、実際、小型のミニとそれよりやや大きい 1100 が成功したのとは対照的に、大型の 1800、そしてこのマキシも不成功に終わっている結果をみると、イシゴニスが ADO14 よりも小型車"9X"の開発に重点を置いていた可能性は否定できない。

　その理由がどうであれ、イシゴニスがこの新型車の責任者であったことは間違いなく、その失敗によって、イシゴニスは新型車開発の中心的エンジニアの座を追われた。これまで新型車開発と既存モデルの改良は、すべてイシゴニスの指揮のもとで行なわれてきたが、この先、開発現場における彼の影響力は薄れることになる。また結果として、マキシはイシゴニスがマーケットに送り出した最後のモデルとなった。

イシゴニス・チームのその後

　イシゴニスが降格したことは、当然ながらチームのメンバーにも影響を与えた。ジョン・シェパードなど数人は、その後もイシゴニスとともに新設の研究開発部門へ異動し、小型車"9X"の開発プロジェクトを続けた。チャールズ・グリフィンは、オースティン・モーリス事業部門のエンジニアリング統括部長に就任する。グリフィンはこれまでイシゴニスを支えてきたように、新たにイシゴニスの後任を支えることになった。また、ジャック・ダニエルズは設計部門に異動し、ADO28（モーリス・マリーナ）の開発に上級職として携わっている。クリス・キンガムはこの時すでにチームを離れて、新たな部署に異動していた。

　イシゴニスはこの後も、グリフィン、ダニエルズ、シェパード、キンガムとは個人的に良好なつき合いを続けていく。当初、イシゴニスのもとに残ったシェパードもやがて他の部署に異動になるが、彼らは全員、会社の意向により新たな任務に就いたのであり、自分で選択できる立場にはなかったと、イシゴニスは納得することができたようだ。しかし、これまで長年サスペンションの開発を協力して行ない、また良き友人でもあったアレックス・モールトンとの関係には、ここで大きな亀裂が入った。モールトンはイシゴニスが要職から退いた後も、その後任のハリー・ウェブスターと仕事を続けた。このことが、その大きな原因になったようだ。後にモールトンは、次のように語っている。「イシゴニスは自分が舞台を降りたら、それまで彼と一緒に仕事をしていた者は全員、舞台から降りるべきだと思っていたのでしょう。一般的にはそのように考えますから」。しかし、フリーランスのモールトンにとって、ブリティッシュ・レイランドやダンロップとの仕事は、生計を立てていくために続けていかなければならない重要なものであった。モールトンは新経営陣にラバーのサスペンションの有効性を説明し、引き続きこのサスペンションを使うことがブリティッシュ・レイランドにとって有益であると彼らを説得し、自分の仕事を守ったのだ。

ミニの生産台数は200万台に

　このような経緯でイシゴニスは降格となったが、ミニの販売はイギリス国内で

も海外でも引き続き好調だった。1969年には、200万台目のミニが生産され、ミニはイギリス車として初の生産台数が200万台を超えたクルマとなる。200万台目のミニの生産が完了し、出荷された日には、ロングブリッジ工場に大勢の報道陣が押し寄せた。イシゴニスは新経営陣の一人、ジョージ・ターンブルとこの記念すべきミニの横に立ち、写真撮影をしている。

　ところで、この200万台目のミニのリヤウィンドウには、"Don't play rough ― I've got two million friends（邪険に扱わないでね。私には200万台もの仲間がいるのだから）"と書かれたステッカーが貼られていた。これは、200万台記念の販売キャンペーンの一環としてブリティッシュ・レイランドが発行したステッカーであるが、その内容は意味深である。というのも、当時ブリティッシュ・レイランドの新経営陣は、ミニの生産を終了しようと考えていた可能性があるからだ。新経営陣はこのステッカーを目にした時、おそらくハッと驚いたにちがいない。さらに、これも推測であるが、最高経営責任者のストークスはこの頃、イシゴニスを単な

1969年にシルバーストーンで開催された10周年の記念イベント。ミニが大好きな人たちが多数参加。

184

る降格ではなく、退任させようと考えていたかもしれない。しかし、このステッカーに書かれたスローガンを見て、大勢の人たちから愛されているミニと、その生みの親として尊敬されているイシゴニスに対して、そのようなひどい扱いをするわけにはいかないと、ストークスはあらためて思ったのではないだろうか。当時、イシゴニスはあと2年で定年退職を迎える年齢になっていたので、"退任"ではなく、"左遷"が妥当であるとストークスは最終判決をくだしたのであろう。いまとなっては真偽のほどは定かではないが、いずれにしてもこのようなタイミングで、なにか隠れた特別な意味が込められていると思えるようなスローガンが、当時のミニに貼られていたことは興味深い。

　200万台目のミニが生産された1969年は、ミニの誕生10周年でもあった。ブリティッシュ・レイランドは200万台を記念してシルバーストーンでイベントを開催し、ミニの熱心なファンを多数招待している。

　1971年には、ミニは世界全体で318,475台が販売されている。この年が、ミニの生産と販売の頂点になったのである。

　ミニ以外のモデルに目をやると、合併によって誕生したブリティッシュ・レイランドは、二つの重要なプロジェクトを進めていたが、皮肉なことに、どちらもイシゴニスと関連があった。ひとつは、ADO28と呼ばれるモデルの開発で、「モーリス・マリーナ」という名で1971年に誕生する。このクルマは、社用車マーケット向けの商品だった。後輪駆動のモーリス・マリーナには、モーリス・マイナーの要素がいくつか含まれており、当時誕生から23年を経過していたイシゴニスのデビュー作に対するオマージュと捉えることができる。そして、もうひとつは、開発コードADO67のプロジェクトである。ADO67は、後に「オースティン・アレグロ」という名で1973年にデビューしている。前輪駆動のこのモデルのエンジニアリングのベースは、イシゴニスが手がけた1100（ADO16）であった。

イシゴニス、ナイトの爵位を授かる
イシゴニスは1964年に国家の功労者に与えられるCBE（Commander of the British Empire）と呼ばれる大英帝国3等勲位を授かっている。イシゴニスは当

時すでに、ミニをつくったエンジニアとして著名人になっていた。そして、ミニの生産台数が 200 万台に到達したのとほぼ同時期の 1969 年 6 月、イギリス政府はエリザベス女王の誕生日にちなむ叙勲名簿を発表し、イシゴニスにナイト（騎士）の爵位が授与されることになった。ナイトは国家の功労者に与えられる 1 代限りの爵位であるが、この後は、"サー（Sir）"の尊称が名前の前について呼ばれることになる。つまり、イシゴニスは"サー・アレック・イシゴニス"になったのである（略式では、"サー・アレック"と呼ばれる）。

　1969 年という年は、ナイトに叙せられ、ミニが 200 万台に達するというイシゴニスにとって嬉しい出来事が重なった年であった。しかし一方で、合併によってブリティッシュ・レイランドが誕生した影響を受け、長年務めた技術統括責任者の座を退いた年でもあった。

6　Mk Ⅲ（ADO20）と「ミニ・クラブマン」

Mk Ⅲ（ADO20）

　ブリティッシュ・レイランド（BLMC）は新型車の準備が整うまでの間、既存の車種体系を維持する必要があった。そこで、完全な新型車ではなく、イシゴニスがまだ技術統括責任者だった時に策定していた、ADO20 というコストを節約したプログラムをミニの Mk Ⅲ として実行することになった。最高経営責任者のストークスは、国民的に愛されるミニの生産終了を決定できなかったのであろう。

　まず、ボディシェルはこれまでよりも単純かつ安いコストで生産できるように再設計された。また、標準モデルのサスペンションは、ハイドロラスティックの使用をやめ、初期に採用されていたラバーコーンに戻された。ドアの外側に見えていたヒンジも内側に姿を消す。もはやイシゴニスの影響力はなくなったので、長年要望の高かった巻き上げ式のウィンドウなど、イシゴニスが拒んできた装備も採用が認められた。このような変更を加えて価格を上げ、ミニはこれまでよりも利益の上がるクルマになると期待されたのである。

第4章　時代を築いた「ミニ」

ハイドロラスティックに消極的だったイシゴニス

　前述のように、イシゴニスが取り組んでいたADO20のプログラムは、ミニのMk IIIとして取り入れられている。そして、そのイシゴニスの案にはサスペンションの変更も含まれており、かつてのラバーコーンが再び採用されることになった。復習になるが、ハイドロラスティックは長い年月を費やして、アレックス・モールトンと共同開発したサスペンションでありながら、イシゴニスはこれまでにもこのサスペンションの使用に消極的な態度をとってきた。

　まず、1962年にADO16（1100）の誕生の際にこのサスペンションを初めて取り入れることになった時、イシゴニスは気が進まないながら採用を決定している（詳細は第4章の2「ミニの兄たち」を参照）。また、1964年9月についにミニにハイドロラスティックが使用されることになった時も、イシゴニスはこの変更を大きく取り上げてほしくないと考えていたようだ。実は、BMCの販売部門はハイドロラスティックを採用する時点でミニを"Mk II"として発売し、改良が行なわれたことを積極的にアピールして、さらに販売を拡大したいと考えていた。そして技術部門にその承認を得ようとしたが、イシゴニスがこれを認めなかったのだ。その結果、引き続き"Mk I"のまま、ミニにハイドロラスティックが使われることになった（Mk IIが発表されたのは1967年）。

　そしてコスト削減の目的で取り組んだADO20では、ついに以前のラバーコーンに戻すことをイシゴニス自らが提案し、実際にMk IIIとしてこの案が実行されたのである。

ミニ・クラブマン（ADO20）

　Mk IIIへの変更と同時に、「ミニ・クラブマン」が追加された。クラブマンは標準モデルのミニよりも全長がやや長く、フロントが四角くデザインされている。また当初、クラブマンはミニのなかの上級モデルとして設定されていたこともあり、ハイドロラスティック・サスペンションが採用された（1971年にラバーコーンに変更）。

　また、クラブマンはダッシュボードも変更され、イシゴニスが長年こだわってきたセンターメーターはインストルメントクラスターに変更される。インテリアの装備もグ

1969年にデビューしたミニ・クラブマン。四角いフロントグリルがトレードマーク。ミニの上級モデルとして設定された。

クラブマンのエステートも1969年にデビュー。木目調のフレームのラインが下がり、かつてのトラベラーやカントリーマンとは異なる印象。

レードアップしたが、シートの快適性は上がらなかった。

　ミニ・クラブマンは1969年秋のロンドン・モーターショーで、ADO20の標準モデルの「ミニ850」および「ミニ1000」よりも一足先に発表されている。

イシゴニスは Mk III をどう見ていたか

　Mk III にはイシゴニスが ADO20 プログラムで提案した以外の変更も含まれている。経営トップのストークスは、こうした変更はミニの商品力をより高め、非常に魅力的にしていると思っていた。しかし、イシゴニスは、「新経営陣は私のミニを台無しにしている」と、かつてのイシゴニス・チームのジョン・シェパードに語

ったという。

　1968年8月に、イシゴニスはミニの後継モデルについて提案をしているが、その頃、イギリスから欧州経済共同体（EEC）に輸出されたクルマの45%はミニが占めていた。しかし、1969年秋にMk IIIが登場した時には、すでにヨーロッパの自動車メーカーからライバルの登場が始まっていた。また、高いフェイスリフト費用を捻出してコスト削減を目指したMk IIIであったが、もともとイシゴニスは、ミニがライバルに負けずに、小型車のマーケットリーダーであり続けていくためには、フェイスリフトでは不十分だと考えていた。大人4人が乗れて、荷物を積載でき、競争力のあるスペックを持ちながら、Mk IIのミニよりも5%安く価格設定できる新型の後継モデルを誕生させることが必要だと考えていたのである。そして実際、イシゴニスはこの考えに基づいた後継モデルを、先に述べたように1968年8月に提案している（詳細は第5章の1「後継モデルの議論」を参照）。

生産工場の一本化と"ミニ"ブランドの誕生

　Mk IIIが導入された1969年には、ミニの生産体制にも大きな変更が起きている。ミニの生産は、ロングブリッジ工場に集約されることになったのだ。1959年の誕生以来、ミニはロングブリッジとカウリーの二つの工場で生産されてきたため、一部に重複する生産コストが発生していたが、一本化されることでその無

Mk IIIの「ミニ850」。ノーズには"オースティン"または"モーリス"のバッジではなく、"MINI"と表示されたバッジが与えられている（1972年撮影）。

駄が排除された。こうして、オックスフォードのカウリー工場におけるミニの生産は 1969 年に終了した。カウリー工場で生産されていたのは標準ボディ（サルーン）のみで、バン、ピックアップ、エステート、モークはもともとロングブリッジで生産されていた。また、このタイミングで、ライレー・エルフとウーズレー・ホーネットの生産は終了している。

さらに、最も重要な変更は、バッジエンジニアリングを廃止する一環として、"オースティン"と"モーリス"というブランド名をミニから外したことだった。つまり、"ミニ"という名は、もはやモデル名のみならず、ブランド名にもなったのである。

7　低迷期の 1970 年代、そしてライバルの台頭

「ミニ・クーパー」の終了

ミニ・クーパー・シリーズは、3 年にわたって段階的に廃止され（1969 年にミニ・クーパー、1971 年にミニ・クーパー S が終了）、代わりに 1969 年にクラブマンの「ミニ 1275 GT」が登場する。これによって、ブリティッシュ・レイランド（BLMC）は 1

1969 年、ミニ・クーパーに代わるスポーツモデルとして「ミニ 1275GT」（左）が登場。後の 1974 年に 12 インチのホイールが設定され、1275GT は正式に 12 インチを履いた最初のミニとなる。中央は「ミニ 1000」、右は「ミニ・クラブマン」（1973 年撮影）。

台につきジョン・クーパーへの 2 ポンド（注参照）のロイヤリティは節約できたが、ミニのラインナップから、名声を博した"クーパー"という名前を失うことになった。（注：1969～1971 年当時の固定相場制における為替レートを 1 ポンド＝860 円として換算すると、2 ポンドは 1,720 円相当）

　イシゴニスが技術統括責任者の座を退いたことも、ミニ・クーパーが廃止される一因になったようだが、そもそもブリティッシュ・レイランドの新経営陣は、クーパーというブランドが持つ価値を理解できていなかった。最高経営責任者のストークスは、モータースポーツがクルマの販売に良い影響を与えるとは考えていなかったし、"クーパー"という名を使うだけで、お金を払うのはナンセンスだと思っていた。もともと BMC とクーパーとの間には、契約書というものが存在しておらず、口頭での両者の合意によってクーパーモデルは誕生し、製造が行なわれてきた。そのためジョン・クーパーは、契約を盾に自身を守ることはできなかったのだ。クーパー・シリーズが廃止されたことで、ブリテッュ・レイランドはクーパーに支払ってきたロイヤリティは節約できたが、その後の販売状況を考えると、ロイヤリティをはるかに超える販売利益を失ったであろう。

ADO70（"カリプソ"プロジェクト）

　ブリティッシュ・レイランドはクーパーに代わる独自のスポーツモデルを開発しようと計画していた。そこで、デザイン・パートナーとしてこの計画に関わっていたイタリアのミケロッティにクラブマン 1275GT を送り、ADO70、別名"カリプソ"と呼んで開発を進めた。3 ヵ月後、ミケロッティは仕事を終え、ADO70 の試作車となったクラブマンが、英仏海峡を渡って自走でイギリスへ戻ってきた。イタリアへ旅立った時とはかなり異なる外観のこのクルマを見た税関員たちは、さぞかし当惑したであろう。

　もともと ADO70 は、現行ミニ（ADO20）をベースに高い収益を上げられるモデルを誕生させようとして取り組まれたプロジェクトであり、1973 年に導入が計画されていた。しかし、その販売予定台数は年間わずか 8 万台であり、この規模では、大きな利益は見込めなかった。かつて検討した 2 シーターの ADO34

1972年、ミニの生産台数は300万台を突破した。当時のブリティッシュ・レイランドの経営トップのドナルド・ストークス（右）、幹部のフィルマー・パラダイス（中央）とジョージ・ターンブル（左）。しかし、会社の経営状態は悪化の一途をたどっていた。

と同様、結局このスポーツモデルのADO70も量産には至らなかった。

再び石油危機

　1973年10月に起きた第四次中東戦争の影響により、新たな石油危機が発生する。石油価格は暴騰し、世界経済は深刻な不況に陥った。ブリティッシュ・レイランドも例外ではなく、当時進めていたマリーナとアレグロを中心に置くモデル戦略は、大きな打撃を受けた。それとは対照的に、ミニの販売が予想外に増加し

ロングブリッジから出荷を待つミニ（Mark III）。オースティン・アレグロの姿も見える（1974年撮影）。

たので、ブリティッシュ・レイランドは驚いた。インフレと同時に起きた新たな石油危機は、ミニが誕生したきっかけとなった1956年の石油危機の時と同じように、再び小型車の買い替えへと人々を駆り立てたのである。

イノチェンティのミニ

BMCは1960年代初期に、イタリアのイノチェンティ（ランブレッタというスクーターで有名なメーカー）とパートナーシップを結んでいる。当初、イノチェンティはオースティンA40をライセンス契約で生産していたが、その後、ミニと1100を生産するようになり、基本スペックに多くの装備を追加してこの両モデルを生産していた。

さらに1974年には一歩前進し、ミニのサブフレームとメカニカル・コンポーネントをベースに、「イノチェンティ・ミニ90」と「イノチェンティ・ミニ120」を誕生させる。この両モデルのスタイリングはベルトーネが手がけ、ハッチバックに仕上げられていた。当時のトレンドが反映されたモデルだったにもかかわらず、ブリティッシュ・レイランドはイギリス市場に導入しようとはしなかった。イノチェンティのミニ90とミニ120は、ヨーロッパ大陸でのみ販売された。

ブリティッシュ・レイランドの国有化と"スーパーミニ"の登場

イギリス政府（労働党政権）は、1960年代後半から自動車業界の合併による再編を進めてきたが、ブリティッシュ・レイランド・モーター・コーポレーション（BLMC）の財政はさらに悪化したので、倒産の危機から救うために1975年にこの会社を国有化する。新たな会社名はブリティッシュ・レイランド社となり、組織の再編が

イノチェンティのミニ90とミニ120の1974年のカタログ。ベルトーネによる初のハッチバックのミニ。イギリスでは販売されなかった。

行なわれた。またこれ以降、予算と製品の決定は、政府の承認のもとに行なわれることになる。しかし、ブリティッシュ・レイランドは再編後も首尾一貫した商品計画を見つけられずに苦しみ続け、そうしている間に1970年代も終わりに近づいていた。

　一方、この間にヨーロッパと日本の自動車メーカーからは、"スーパーミニ（supermini）" と呼ばれる小型のハッチバックが市場に投入されていた。"スーパーミニ" とは、ミニよりも少し大型でかつ洗練されており、またミニと同じように横置きのフロントエンジン／前輪駆動のレイアウトを持つ小型車のカテゴリー（総称）を示す言葉である。日産チェリー、フィアット127、ルノー5、ホンダ・シビック、フォード・フィエスタなどが、当時の "スーパーミニ" を代表するモデルである。かつてBMC時代には、小型車市場の先頭を走っていたが、もはやブリティッシュ・レイランドはこの市場のリーダーではなくなっていたのだ。

　1959年に登場し、一時代を築いたミニであったが、前述のように1971年に318,475台という販売のピークを迎え、2年後の1973年の石油危機で再び勢いづくものの、その後は低迷期に入る。当然ながら、ミニの後継モデルについても検討はされていたが、ブリティッシュ・レイランドは意図した通りに後継モデルの開発を進めていくことはできなかった。そのことは、ミニのその後も含めて、次章で紹介したい。

Column 3　サスペンションの大家、アレックス・モールトン

イシゴニスはラバーサスペンションが嫌いだったのか

　アレックス・モールトンは1920年4月に生まれ、曽祖父が1840年代に手に入れた"ザ・ホール"と呼ばれる、まるでお城のような邸宅で育った。"ザ・ホール"はバースの近くのブラッドフォード・オン・エイボンという町にある。この邸宅と、敷地内のゴム工場で行なわれてきた家族経営のビジネスは、幼い頃に父を亡くし祖父母に育てられたモールトンにとって、つねに生活の一部であり、大切なものだった。

　モールトンがイシゴニスに最初に出会ったのは、1949年であった。この前年にデビューしたモーリス・マイナーを見て、発明家のモールトンはこの革新的な新型車を手がけたイシゴニスにぜひ会ってみたいと思っていたところ、友人のフライ兄弟が、ヒルクライムを通してイシゴニスと交流があったので、モールトンはこの兄弟にイシゴニスを紹介してほしいと頼んだ。こうして、イギリス自動車史において重要な二人の人物の交流が始まった。

　ところで、イシゴニスの自作のレーシングカーのライトウェイト・スペシャルにも、ラバーのサスペンションが使われている（詳細は第1章の4「自作のレーシングカー、「ライトウェイト・スペシャル」」を参照）。だからといって、イシゴニスがラバーのサスペンションを好んでいたと単純に考えてはいけないと、モールトンはあるインタビューで語っている。モールトンによれば、イシゴニスは当初、ラバーのサスペンションを嫌っていたという。「イシゴニスはラバーを量産モデルのサスペンションに使おうとは、まったく考えていませんでした。でも、レースという実験的な環境で走らせる、手づくりのライトウェイト・スペシャルに使うのはかまわないと思っていたようです」

　モールトンと出会った頃、イシゴニスはラバーの耐久性に疑念を持っていた。また、ラバーのサスペンションは乗り心地が硬すぎるとも考えていた。そもそもイシゴニスは、モーリス・マイナーのトーションバー・サスペンションに満足していたので、後にモールトンとラバーサスペンションを一緒に開発することになるとは、まったく予想していなかったのだ。そのようななか、アレックス・モールトンとジャック・ダニエルズ（イシゴニス・チームのメンバー）は、モー

1962年にデビューした「モーリス1100」には、イシゴニス（右）とモールトン（左）が共同開発したハイドロラスティック・サスペンションが初採用された。1949年に出会った二人は、サスペンション開発の良きパートナーであると同時に、個人的にも気の合う友となった。

リス・マイナーにラバーのサスペンションを取り付ける実験を行なった。そしてこのクルマを性能試験場に持ち込み、舗装道路で1000mile（約1600km）走行する耐久テストを実施したところ、問題は何も起きなかったのである。この実験結果は、イシゴニスのラバーのサスペンションに対する見方を大きく変えた。当時はまだ、クルマが500mile（約800km）も走行すれば何らかの不具合を起こすことは珍しくない時代だった。それが、1000mile（約1600km）走っても何の問題も生じなかったというテスト結果を聞いて、イシゴニスのラバーの耐久性に対する疑念は解消されたのであろう。

　その後、モーリスとオースティンが合併し、BMCが誕生した直後の1952年に、イシゴニスはアルヴィスへ転職し、新型車の開発に着手する。本文でも書いたように、この時モールトンは、フリーランスとしてアルヴィスのイシゴニス・チームの一員に加わり、サスペンションの開発に携わることになる。後にミニ

に搭載されるラバーコーン、ハイドロラスティックという二つのサスペンションの開発がスタートしたのだ。

軽量自転車開発のきっかけ

　ところで、アレックス・モールトンは軽量自転車を開発したことでも有名であるが、その開発を始めたきっかけは、ミニの誕生にも影響を与えたあのスエズ戦争だったという。第2章の1「ミニ（ADO15）誕生の背景」でも述べたように、1956年にスエズ戦争（第二次中東戦争）が起きた時、イギリスでは一時的にガソリンが配給制になって手に入れにくくなり、小型車の人気が高まった。この時、アレックス・モールトンは日常の移動手段として、軽量の自転車に乗ってみようと思い立つ。そこで、自転車好きの友人から"ヘチンズ"という自転車を借りて乗ってみた。モールトンは、それまで経験したことのない軽快な走りとレスポンスの素晴らしさに、大きな衝撃を受ける。そして、友人に頼んでこの自転車を手に入れた。軽量自転車の走りがそれほど素晴らしいとは予想していなかったモールトンであったが、この時の感動は大きく、やがて軽量自転車をさらに進化させたいと考えるようになり、開発を始める。そして1962年11月、モールトンはロンドンのアールズコートで開催されたサイクルショーで、F型フレーム・シリーズ1（サスペンション付き）と呼ばれるモデルを発表した。小径自転車の"アレックス・モールトン"の誕生である。スエズ戦争が起こったことでミニの誕生は早まったが、自転車"アレックス・モールトン"も、スエズ戦争がきっかけとなって誕生したとは興味深い偶然である。

　アレックス・モールトンは2012年12月に92歳で亡くなるまで、その生涯をゴムの技術革新に捧げ、つねに発明家であり続けた。

Column 4　ミニの価格は安すぎたのか〜BMCの価格戦略〜

　1959年にミニが発売された時、「あのような低価格で、ミニは利益が出せるのだろうか？」と、ライバルの小型車を販売していたフォードの人たちは首をかしげていた。当時のイギリスで、ミニはいったいどれほど安かったのだろうか？『オートカー』誌に掲載された1959年の新車価格をもとに、他の小型車と比較してみたい。

モデル名	発表年	レイアウト	価格（税抜き）	ミニとの価格差
オースティン・セブン／モーリス・ミニマイナー（ミニ）	1959年	FF	350ポンド	
オースティンA 35	1956年	FR	379ポンド	＋29ポンド
モーリス・マイナー	1948年	FR	416ポンド	＋66ポンド
トライアンフ・ヘラルド	1959年	FR	495ポンド	＋145ポンド
フォード・アングリア 105 E	1959年	FR	380ポンド	＋30ポンド

　ミニと比較するのは、BMCが販売する「オースティンA35」、「モーリス・マイナー」、そして他社が販売する「トライアンフ・ヘラルド」、「フォード・アングリア105E」の4台である。ここでひとつ考慮に入れておくべきことは、ミニは横置きのFFという革新的なレイアウトを持つ小型車である一方、他の4台の小型車のレイアウトは、どれも当時主流のFRであった点である。つまり、革新的なレイアウトを持つミニは、それまでの生産設備やノウハウが使えず、あらたな設備投資が必要になる"製造コストの高い"新型車だったといえる。

　しかし、比較表を見るとわかるように、デビュー当時のミニ、つまり「モーリス・ミニマイナー」と「オースティン・セブン」の価格は税抜きで350ポンドであり、どの小型車よりも安かった（参考：350ポンドを日本円に換算すると、当時の353,000円に相当）。まず、同じBMCが販売していたモデルと比較してみると、「オースティンA35」より29ポンド（約29,000円）、「モーリス・マイナー」より66ポンド（約67,000円）、ミニは安く価格設定されている。「オースティンA30」の後継モデルとして1956年に誕生した「オースティンA35」と、すでにデビューから10年以上が経過している「モーリス・マイナー」は、ともに当時主流のFRのレイアウトであり、両モデルの製造コストはミニより低コストだったはずだ。しかし実際は、製造コストが高いミニの方が、安い価格で販売されていた。つまり、BMCにとって、「オースティンA35」と「モーリス・マイ

第4章　時代を築いた「ミニ」

ナー」の両モデルは儲かる小型車であったが、逆にミニは利益率が低く、儲からない小型車だったのだ。

　次に、当時イギリスで生産されていた他社の小型車との価格差を見てみると、ミニは「トライアンフ・ヘラルド」より145ポンド（約146,000円）安く、また、「フォード・アングリア105E」より30ポンド（約30,000円）安い。この二つのモデルも従来型のFRのレイアウトを持つ、ミニと同じ年に発表された"新型車"であったが、やはりミニの方が安い価格で販売されていた。

　冒頭に述べたように、1959年にミニがデビューした時、フォードはミニの価格は安すぎると考えた。実際、フォードは1台のミニを手に入れて解体し、その価格を検証している。その結果、ミニの1台あたりの製造コストは、「フォード・アングリア105E」よりも5ポンド（約5,000円）高いと推定する。しかし、前述のように、実際の販売価格はミニの方がアングリアよりも30ポンド（約30,000円）安かったのだ。といっても、これらの数字をもとに、ミニにはまったく利益幅がなかったと断定することはできないが、BMCは戦略的に、ミニの価格を極めて安く設定していたといえる。

　BMCが打って出たミニの価格戦略は、果たして正しかっただろうか？　小型車の開発を命じ、その価格を決定したBMCトップのレオナード・ロードは、既存のエンジンを使えば、たとえ革新的な新型車であっても低価格の設定が可能であり、利益をあげられると考えていたのだろう。しかし、その考え方は正しくなかった。既存のエンジンを採用しても、ADO15（ミニ）には多額の開発コストが必要になったからだ。イシゴニスは製造コストを抑えようと、開発の段階でさまざまな努力をし、素材の見直しも行なっている。しかし、本文で述べたように、ミニは短いスケジュールのなかで開発されて市販化に至ったため、テストに十分な時間がかけられず、生産が開始された後もまだ改良と変更が続けられ、本来ならば必要のなかったコストが発生した。また、当時の先進技術を採用しているにもかかわらず、従来型モデルより高い費用がかかるであろうという点は、ミニの価格には考慮されていない。さらに、最先端モデルの初期に起こりがちな、不具合に対応する予算や保証費用も見込まれていない。BMCはなんとしても、ライバルより安い価格でこの斬新な新型小型車を市場に投入しようと、ただその一点を重視して、ミニの価格を限界を超え

た低価格に設定してしまったのだ。

　その結果、ミニはよく売れたにもかかわらず、利益をあげられない期間が長く続いた。デビューから10年近く経った1968年になってようやく、1台あたり15ポンドほど（当時の13,000円相当）の少ない利益が出せるようになったといわれている。

　イシゴニスは会社から指示された条件を満たす小型車を設計したのであり、ミニの価格戦略には関わっていない。イシゴニスが技術部門のトップである技術統括責任者に就任したのは、ミニのデビューから2年後の1961年であり、ミニを開発していた当時は、別の人物がこの要職に就いていた。また、本文で述べたように、ミニが誕生するまでの大きな決定は、すべてBMC会長のレオナード・ロードが行なっている。ミニのエンジンの排気量を最終的に850ccと決定したのはBMCトップのレオナード・ロードであり、市販化への決定を行なったのもレオナード・ロードだった。こうした点からも、ミニの価格決定にはイシゴニスは関わっていないといえる。したがって、限度を超えて安い価格が設定されていたために、ミニが長い間利益をあげられなかった点については、イシゴニスを責めることはできない。

　ところで、第4章で述べたように、イシゴニスは1968年に合併によってブリティッシュ・レイランド（BLMC）が誕生する前に、ミニの製造コストを節約することを中心としたモデル変更案を策定している。赤字モデルと言われないように、なんとかしてミニの利幅を増やしたいと、イシゴニスは考えていたのであろう。そしてこの案をもとに、ブリティッシュ・レイランドの新経営陣がミニのMk III（ADO20）を発表する。さらにイシゴニスはその後、ミニの後継モデルの提案を行なっているが、その時にもやはり、"安い製造コスト"と"高い利益率"はキーワードとなっている。イシゴニスがどのような後継モデルを提案したのかは、第5章で紹介する。ミニが長い間赤字モデルであったことも念頭に置きながら、イシゴニスの後継モデル案を検証していきたい。

（注：ポンドから円への換算は、当時の固定相場制における換算レートを1951年は1ポンド=1,008円、1968年は1ポンド=864円とし、四捨五入により千円単位まで求めている。ポンドも円も、当時と現在ではその価値は大きく変化しているため、換算値は参考値とする）

第5章　異例の長寿モデル「ミニ」

1　後継モデルの議論

後継モデルの基本概念

　1970年代にブリティッシュ・レイランドがミニの後継モデルに取り組むにあたって、まず決めなければならなかったのは、基本概念だった。なかでも重要なのは、後継モデルの大きさである。イシゴニスが設計したミニとほぼ同サイズの小型車として後継モデルを誕生させるか、それともヨーロッパのメーカーを中心に続々と市場に投入されていた"スーパーミニ"と呼ばれる、ミニよりも少し大きい小型車のカテゴリーに参入すべきか、まずこのことを決める必要があった（"スーパーミニ"については第4章の7「低迷期の1970年代、そしてライバルの台頭」の最終部を参照）。

　これまでの基本概念を受け継ごうと考える人たちは、いまやミニはイギリスに暮らす人々に深く根づいているので、革新的な変更を実行することはできないと考えていた。デビューから20年が近づいていた1970年代後半になっても、数多くの有名人がミニを所有し続けていたし、ツィッギー（70年代は女優や歌手としても活動）、ジェームズ・ボラム（俳優）、エリック・サイクス（脚本家／コメディアン）などのイギリスのスターたちが、ミニの新たな広告キャンペーンに登場して、このクルマの素晴らしさをアピールしていた。またレーシングカーとしても、ミニは活躍を続け、イギリスのモータースポーツシーンに欠かせない存在となっていた。ブリティッシュ・レイランドは、ミニを中心とするレースミーティングを企画してスポンサーになっていたし、1978～1979年シーズンのブリティッシュ・サルーンカー・チャンピオンシップでは、ミニ・クラブマンが優勝を果たしている。

"ミニミニ" プロジェクト (XC8368)

　後継モデルについては、実際はもっと以前から議論は始まっていた。なかでも大きな声をあげていたのは、ミニの生みの親であるイシゴニスだった。ミニを自分が設計した最後の小型車にするつもりなどまったくなかったイシゴニスは、早くも1962年には後継モデルの着想を得ようと取り組みを始めていた。そして1960年代半ばには、木製の大雑把な試作モデルをつくり、設計とデザインを検討している。

　さらにイシゴニスは1967年に、"ミニミニ"というミニよりもさらに小型でありながら、車内スペースはいっさい犠牲にしないクルマの設計を開始する。だが当初、"ミニミニ"はミニの後継モデルとして取り組み始めたプロジェクトではなく、1967年初頭に届いたイタリアのイノチェンティからの提案によって始まったプロジェクトだった。前述のように、当時イノチェンティはBMCとライセンス契約を結び、ミニと1100をミラノで生産していた（第4章の7「低迷期の1970年代、そしてライバルの台頭」を参照）。しかし、提案の届く前年の1966年には、イノチェンティの主力モデルのランブレッタ（スクーター）の販売は減少していた。そこで工場の稼働率を上げたいイノチェンティは、イシゴニスの監修のもとに設計された"ミニミ

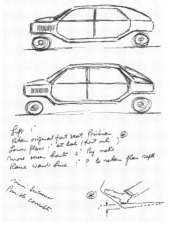

イシゴニスは早くも1960年代前半にはミニの後継モデルを考え始めていた。左は木製の試作モデル。右はスケッチ。

ニ"を製造する企画を BMC に持ちかけたのである。開発費用は両社で分担し、イノチェンティがライセンス料を支払って生産し、イタリアと当時の EEC（欧州経済共同体）加盟国で販売するという提案である。当時、イギリスは EEC に加盟しておらず、加盟交渉を行なっている段階だった（EEC は 1967 年に EC〔欧州共同体〕へと発展するが、イギリスの EC 加盟は 1973 年）。そのため、ヨーロッパ大陸におけるフランス、イタリア、西ドイツの大手メーカーとの販売競争において、イギリスの自動車メーカーは不利な立場にあり、イノチェンティの提案は BMC にとっても悪い話ではなかった。また、イシゴニスは 1966 年の時点で、すでにミニから始まった横置きエンジンと前輪駆動を基礎とする BMC の新たなラインナップをほぼ完成させていた。そのタイミングでイノチェンティから"ミニミニ"という新たなプロジェクトが持ち上がり、イシゴニスのイマジネーションに火がついたのだ。

　1967 年 11 月に"ミニミニ"のプロトタイプ 1 台が用意され、テストが開始される。このプロトタイプのホイールベースは ADO15 のミニと同じ 80inch（約 2032mm）、全長は 6inch（約 152mm）短い 114inch（約 2896mm）、車幅は 3inch（約 76mm）大きい 58.5inch（約 1486mm）というサイズである。イシゴニスは"ミニミニ"に小型軽量の 4 気筒／750 〜 1000cc／OHC の新型エンジンを開発して搭載しようと考えていた。またサスペンションは、これまでミニに採用してきたラバーコーンやハイドロラスティックとは異なる、新たなサスペンションにしようとしていた。その理由は、ラバーを使わないことで、サブフレームが必要でなくなり、軽量化を進めることができるからだった。軽量化は、"ミニミニ"の重要項目のひとつだったのだ。

　1968 年 2 月までに計 3 台のプロトタイプのテストが実施され、コッツウォルズの丘陵地帯などで 10,000mile（約 16,000km）のテスト走行を実施し、報告された問題の解決に向けて改善が行なわれる。また、ピニンファリーナがスタイリングを手がけたフルスケールモデルは、ロングブリッジのデザインスタジオでさらに検討が重ねられた。その後、4 台目の試作車がつくられるが、そのサイズはこれまでの 3 台よりわずかに大型になっている。また、排気量が 1275 〜 1500cc の 6 気筒エンジンも実験的に試作された。

そして1968年6月、イノチェンティのルイジ・イノチェンティとチーフエンジニアのパロラリがロングブリッジを訪れた。ちょうどこの年、BMCはレイランド・モーター・コーポレーションと合併し、新たにブリティッシュ・レイランド（BLMC）が誕生したばかりだった。イシゴニスは新経営陣のストークスとターンブルにイノチェンティを紹介し、"ミニミニ"プロジェクトの進捗状況を説明する。ところがこの打ち合わせの最中に、ストークスはこのプロジェクトを進め、"ミニミニ"がイタリアで生産されれば、それはブリティッシュ・レイランドの輸出に脅威を与える存在になりかねないと考えた。つまり、"ミニミニ"（XC8368）プロジェクトを実現させるのであれば、それはイノチェンティと共同で行なうのではなく、ミニの後継モデルとしてブリティッシュ・レイランドが単独で取り組むべきだとストークスは思ったのである。そして、イノチェンティは"ミニミニ"から外れることになった。

コードネームXC8368の"ミニミニ"プロジェクト。当初、このプロジェクトはイノチェンティがライセンス契約を結んでミラノで生産する計画だった。この試作車はピニンファリーナがスタイリングを手がけた（1968年7月／ロングブリッジにて撮影）。ヘッドランプ横のバッジにはAustinと書かれている。この試作車の開発は続く。

"ミニミニ"から"9X"へ

　イシゴニスにとって重要だったのは、"ミニミニ"がミニの後継モデルになる可能性が浮上したことだった。新しい経営トップのストークスが"ミニミニ"はブリティッシュ・レイランドの単独事業で行なうべきだとし、イノチェンティをこのプロジェクトから外した2ヵ月後（1968年8月）、イシゴニスは"ミニミニ"のアイディアをさらに発展させ、ミニの後継モデル"9X"の提案を次のように行なっている。

　まずサイズを見てみると、全長は116inch（約2946mm）と提案しており、"ミニミニ"よりも2inch（約51mm）長く、ADO15よりも4inch（約102mm）短い。ホイールベースは82inch（2082mm）であり、ADO15（ミニ）と"ミニミニ"よりも2inch（約51mm）長い。車幅など、その他のサイズは"ミニミニ"と同じである。またエンジンも、"ミニミニ"で提案したまったくの新型を計画しており、この時点ですでに5基が試作され、テストが行なわれていた。そしてトランスミッションは、全ギヤにシンクロメッシュ付きの4速ギヤを検討しており、サスペンションは、"ミニミニ"のプロトタイプの独立懸架式をさらに発展させ、前輪には垂直ストラット、後輪には同軸トーションバーを採用しようと考えていた。

　さらに、驚くべきことにイシゴニスはこの時、サイドウィンドウには、これまで頑固にこだわり続けてきたスライド式でなく、巻き上げ式を提案している。なんとしてもこの提案を認めてもらいたいという、イシゴニスの意気込みが感じられる。

安い価格で、高い利益を生む後継モデルを提案

　"9X"の特徴は、製造が容易なうえに、アフターサービスがしやすくなることだ。エンジンとトランスミッションのコンポーネント（部品）数は、ADO15（ミニ）よりも40%少なく、組み立てに要する時間も30分短縮する。これによって価格も、当時のMk Ⅱのミニよりも5%安くできるとイシゴニスは見込んでいた。つまり、価格が安いにもかかわらず、高収益な商品を提案しているのだ。これは、利益が少ないことを理由にミニを嫌っていた人たちに向けた提案でもあったのだ。開発には3年を要し、1971年のロンドン・モーターショーで発表したいとイシゴニ

スは考えていた。

　この後継モデル"9X"の鍵となるのは、軽量で小型の、モデルと同じく"9X"と呼ばれる新型エンジンの開発である。この新型エンジンは現行のAシリーズエンジンよりも小型でありながら、パワーウェイトレシオは小さくなる見込みだった。このエンジンの開発を成功させれば、搭載スペースが節約できるのみならず、軽量で加速性能がよく、経済性に優れた後継モデルをつくることが可能になる（"9X"エンジンについての詳細は、第6章の4「新型エンジン対決」を参照）。

　1969年6月の時点では、イシゴニスはすでに技術統括責任者ではなくなっていたものの、9Xエンジンはまだオースティン・モーリス事業部門の商品計画に残っていた。しかし、オースティン・モーリス事業部門の販売担当役員（新経営陣の一人）の反対により、1970年の年頭には計画から外されてしまう。イシゴニスはなんとかして9Xエンジンの開発を商品計画に戻そうと、ミニの後継モデルを話し合うミーティングに出席して訴えた。

　だが、この頃、イシゴニスはまだ自分の置かれている現実をはっきりと認識していなかった。純粋に設計が素晴らしく、その長所が認められれば、公平に判断してもらえると思っていたのだ。しかし、現実はそうではなかった。イシゴニスは、9Xエンジンの素晴らしさをブリティッシュ・レイランドの新経営陣にわかってもらおうと、ダウントン・エンジニアリングに1基の9Xのチューニングを依頼して、ミニに搭載する。そして、経営幹部のハリー・ウェブスター（イシゴニスの後任として技術統括責任者に就任）と彼のチームの人たちに向けてデモンストレーションを行なうことにした。デモが始まってしばらくの間、ウェブスターはこのミニの走りに感動した様子を見せていた。だが、搭載されているのが9Xエンジンだとわかると、あからさまに無関心な態度になったという。イシゴニスはウェブスターの態度に深く傷ついた。そして、これをきっかけに、イシゴニスはブリティッシュ・レイランドに対して、憤りや敵意を抱くようになっていったのである。

　1970年10月、新たに開発されるFシリーズというエンジンを搭載する別の小型車プロジェクトが、ミニの後継モデルとして開発されることが承認される。だが、イシゴニスはこの決定に驚かなかった。結局、ブリティッシュ・レイランドの経

営陣はイシゴニスの提案をどれも受け入れなかった。

もし、"9X"を1971年に実現できていたら

　イシゴニスの提案がはねのけられてから1ヵ月後の1970年11月、ブリティッシュ・レイランドは、いったん承認したプロジェクトも含め、市場のニーズに正確に応えるためという理由で、ミニの後継モデルに関連するすべてのプロジェクトを2年間凍結する。つまり、小型車ではなく、別のクラスの開発プロジェクトを優先させ、小型車については、現行ミニのさらなるコスト削減を実行し、利益率をあげることに当面は集中すると決定したのだ。

　前述のようにイシゴニスは、"ミニミニ"(XC8368)のイノチェンティとの共同プロジェクトを解消した2ヵ月後の1968年8月に後継小型車の提案を行なっているが、その翌月の9月には中型のADO16(1100)の後継モデルについても提案を行なっている。そしてこの提案のなかで、ライバルがミニに追いつく前に、ブリティッシュ・レイランドは小型車の開発を前進させるべきだと訴えている。確かに1968年9月の時点では、まだその時間があった。"スーパーミニ"と呼ばれる小型車カテゴリーに主要メーカーから最初に登場したモデルは、1969年に発表されたイタリアのアウトビアンキA112であった。このクルマは欧州本土でのみ販売され、イギリスでは販売されなかったので、アウトビアンキA112ではなく、フィアット127が最初の"スーパーミニ"という見方もあるが、127が登場するのは1971年である。その後、日産チェリーが誕生し、また横置きエンジンではないがルノー5もデビ

イシゴニスは1968年8月にADO15の後継モデル"9X"(左)の提案を行ない、翌月の9月にはADO16の後継モデル(右)の提案を行なった。しかし、ブリティッシュ・レイランドはイシゴニスの提案をどれも受け入れなかった。

207

ューする。また、フォルクスワーゲン・ポロが登場したのは1975年だった。そして、この小型車カテゴリーで大成功を収めるフォード・フィエスタが登場するのは1976年である。つまり、イシゴニスが後継モデルの提案を行なった1968年8～9月の時点では、強力なライバルが登場するまでに、それに対応する時間がまだ残されていたといえる。

　イシゴニスは1971年のロンドン・モーターショーで9Xを発表したいと考えていた。実はこの年のモーターショーでは、目新しいモデルが、特にイギリスの自動車メーカーからは登場していない。その大きな原因となったのは、多発したストライキだった。また、1971年という年は、ヨーロッパで排ガス規制と安全基準が厳しくなった年でもあったため、ヨーロッパのメーカーもこのモーターショーで予定どおりには新型車を発表できなかった。たとえ、ブリティッシュ・レイランドが1971年を目指して9Xの開発を行なっていたとしても、やはりストライキに阻まれたかもしれないし、排ガス規制と安全基準をクリアするのも簡単ではなかったかもしれない。しかし、もしストライキや安全規制などにうまく対処し、9Xエンジンを搭載したミニの後継モデルを1971年に登場させていたら、この新型車のインパクトは大きかっただろうといえる。

　また、2年後の1973年には石油危機が起こり、小型車に注目が集まるが、小型軽量の新型エンジンを搭載する後継モデルが誕生していれば、その際にも販売に大きく貢献したであろう。イシゴニスは1978年に、あるインタビューでこう答えている。「9Xを誕生させていれば、ブリティッシュ・レイランドは今ほどの苦境には陥らなかったのではないかと、私は個人的に思っています」

ミニの20周年と「メトロ」の発表

　前述のように、ブリティッシュ・レイランドは1970年11月に後継モデルのプログラムをいったんすべて凍結したが、その一方でミニの生産を永遠に継続するわけにはいかないこともわかっていた。ミニは、誕生から16年目にあたる1975年以降には、もはや市場で戦うのは難しいだろうと考える人が多かったが、その大きな理由は、Aシリーズエンジンの改良が限界に近づいていた点にあった。

そして1972年、ADO74プロジェクトが開始される。これは、ミニ（全長10feet 0.5inch〔約3061mm〕）よりも少し大型の"スーパーミニ"のカテゴリーに該当するモデルであり、全長は11feet 6inch（約3505mm）とされていた。同時期に進行していたもうひとつのプロジェクトは、オリジナルのミニの概念に近く、全長は10feet 6inch（約3200mm）であった。このプログラムはADO88と呼ばれるプログラムに発展し、かつてのイシゴニスのチームのチャールズ・グリフィンがリーダーを務めることになる（グリフィンはイシゴニスの9Xを背後でサポートしながらも、このADO88を進めていた）。そして最終的には、ADO74ではなく、ADO88のプロジェクトを進めていくと決定する。

その後ADO88の開発は進み、生産開始時期を決定しようとしていた1977年、ブリティッシュ・レイランドの新しい最高経営責任者にマイケル・エドワーズが就任する。エドワーズは、ADO88の外観は精彩を欠いているといって納得せず、一般ユーザーを"モデルクリニック"に招き、ADO88のスタイリングの感想を聞いた。その結果、ADO88のプロジェクトは中止され、LC8として再度開発を行なうと決定する。LC8の全長は11feet 2inch（約3404mm）に伸び、車幅も大きくなったため、結局、すでにライバルメーカーが市場に導入している"スーパーミニ"に該当するモデルになった。そして、この新型車の導入は、予定の1979年より丸一年遅れることになったのである。

ADO74のモックアップ。ミニの後継として1970年代前半にブリティッシュ・レイランドが取り組んだ小型車であるが、カテゴリーとしては、ミニより少し大型の"スーパーミニ"に属するサイズ。

ADO74と同時期に進行していたもうひとつの後継プログラムのADO88は、ミニ（ADO15）に近いサイズ。このイラストはADO88とADO15のサイズとパッケージングを比較している。

　新型車発表までの期間を埋めるために、ブリティッシュ・レイランドは新たにミニの宣伝を開始し、1979年には20周年を祝って、ドニントンパークで盛大にパーティを行なった。また同時に、記念限定モデルの「ミニ・1100スペシャル」を発表している。このイベントの目的は、導入の遅れている新型小型車の代わりにミニの販売を後押しすることだった。

　発表が遅れていた新型小型車（LC8）への期待は、最高潮に達していた。そして1980年10月、ついに「オースティン・ミニメトロ」が誕生したのである。簡単に「メトロ」という名で有名なこのクルマは、イギリスの小型車マーケットの活性化に貢献した。

その後のイシゴニス

　ところでイシゴニスは、9Xが採用されなかった後も、まったく異なる方法で彼が目標とする小型車を完成させようと、見た目よりも技術面に力を入れてミニの後継モデルとなるべく小型車の開発を続けた。1971年末にイシゴニスは定年退職を迎えるが、その後も先行設計コンサルタントとしてブリティッシュ・レイランドと契約を結び、1970年代から1980年代後半までずっと小型車の開発を続ける。ミニをベースにつくった数台の試作車9Xには、自身で開発した9Xエンジンを搭載している。その際、巻き上げ式のウィンドウは、イシゴニスの好きなスライド式ウィンドウに頑固に交換し続けた。そのなかには、まったくギヤを必要としないトルクコンバーターの変速機を大型エンジンと組み合わせた、大胆な発想の試作

車も何台かつくっている。

イシゴニスの定年退職後の取り組みについては、第6章で紹介することとし、この先しばらくは、1980年代から生産が終了するまでのミニの歩みを振り返りたい。

2　1980年代と1990年代の「ミニ」

生産台数500万台に到達

クラブマンのサルーンは1980年に市場から姿を消し、その数年のうちにワゴン（エステート）、バン、ピックアップも姿を消す。この流れのとおり、ミニは自然消滅するだろうと思われていた。しかし、予想に反してミニの標準ボディのモデルは健闘し、そのカリスマ性もどうやら衰えていなかった。販売がまずまずである限りは（特に海外では堅調だった）、ブリティッシュ・レイランドは製造を終了したくはなかった。だれも、愛すべきミニに終止符を打った経営者といわれたくなかったのであろう。

1984年に、当時ブリティッシュ・レイランドのオースティン・ローバー事業部門のトップを務めていたハロルド・マスグローブは、「ミニは黒字を出して会社に貢献している限りは、生産ラインに残ります」と話している。この時、ミニは誕生から25年が経過していたが、販売台数は年間5万台を維持していた。

こうしてミニは、隙間市場のモデルとしての役割を果たし続ける。1986年には、生産台数は記念すべき500万台に到達し、TVの司会やラジオのディスクジョッキーで人気のノエル・エドモンズもこれを祝った。ノエル・エドモンズはこの時期、オースティン・ローバー事業部門の広報イベントのアンバサダーを務めていた。

削ぎ落とされたデザインのミニは、近くを走る他のクルマのデザインが時代とともに変わっても、場違いに見えなかった。この時代には二つの標準モデルが登場し、「シティ」と「メイフェア」と名づけられる。さらに、「チェルシー」、「リッツ」、「ピカデリー」、「パークレーン」、「アドバンテージ」、「レッド・ホット」、「ジェット・ブラック」、「フレーム」、「ローズ」など、ユニークな名前の限定モデルが多数登場

ロングブリッジ工場は1979年に"ニュー・ウェストワークス"と呼ばれる新しい施設をつくり、高度に自動化されたロボット生産方式を導入し、メトロの生産を始めた。一方、"オールド・ウェストワークス"と呼ばれるミニのラインでは、従来どおり手作業の溶接が続けられた。

1986年にミニの生産台数は500万台に到達した。シャンパンを注いでいるのは、イギリスのTVやラジオで人気のノエル・エドモンズ。記念すべき500万台目のミニは、メイフェアだった。

する。1988年に登場した「ミニ・デザイナー」には、かつてミニスカートを流行させたマリー・クワントのデザインをイメージして、大胆な白黒のストライプのシートが与えられた。こうした限定モデルは、特に日本とフランスで販売が好調だった。

社名変更と民営化

　ブリティッシュ・レイランドにも変化が起きていた。ストライキや品質問題といった不名誉なイメージを一掃しようと、1986年にブリティッシュ・レイランドは社名をロー

第 5 章　異例の長寿モデル「ミニ」

「ミニ・デザイナー」という限定車にはいくつかのバージョンがあるが、ミニスカートを広めたマリー・クワントにちなんだモデルもそのひとつ。1960年代に世界的な若者文化の発祥地となったロンドンのカーナビ・ストリート。その店舗前でデザイナーのマリー・クワントとともに撮影。

バーグループへと変更し、新たな社名のもとで改革が行なわれた。

　さらに1988年、保守党のサッチャー政権は、国有化されていたこの会社の民営化に成功する。1975年以来、長年にわたって国が保有していた株式は、ブリティッシュ・エアロスペース社が買い取った。

5年おきに開催された記念イベント

　歳月の経過とともにミニの技術面の進歩は見られなくなったが、節目となる年を祝う宣伝やノスタルジーを誘うキャンペーンが数多く行なわれ、好評を博した。20周年の記念イベントと限定モデルの成功以来、5年おきに記念のイベントが開催され、その度に限定モデルが発表された。ちなみに、40周年には記念限定モデル「ミニ40」が登場しているが、そのカタログは、ハッピー・バースデイのメロディが流れる仕掛けになっていた。

　年月が経つにつれて、記念イベントはますます盛大になり、ミニを愛する大勢

213

の人たちがドニントンパークやシルバーストーンに集まって熱狂的なパレードを行なったり、クルマを展示したりして、自分のミニを披露した。

「ミニ・クーパー」の復活

　1990年代になっても、ミニの象徴としてのステータスは衰えを知らず、いっそう確立されていった。1991年には、自動車誌『オートカー＆モーター』の"史上最高のクルマ"に選ばれ、1995年には『オートカー』と名を改めていた同誌の"カー・オブ・ザ・センチュリー"に選ばれている。

　バリエーションの展開もより充実して、「ミニ・シティ」をベースに改良された高性能モデルの「ミニ・ERA ターボ」が1989年から1991年にかけて登場している。最高出力96bhp（97ps）のパワーを誇るこのミニのボディカラーは、レッドとグリーンの2色が用意されていた。

　また、1990年には「ミニ・クーパー」が復活する。当初は限定モデルとして復活したミニ・クーパーは、すぐにレギュラーモデルになる。ミニ・クーパーには、パディ・ホプカークが駆った懐かしいモンテカルロ・ラリーのスタイリングが施されたモデルも登場した。

　ミニはまた、テレビや映画にも登場したが、その時代設定は1960年代とは限らなかった。1981年のニュージーランド映画『グッバイ・ポーク・パイ』では主役と

1990年に復活したミニ・クーパー。クーパー・レーシングチームのF1初優勝35周年を記念して、1994年8月にはジョン・クーパー・ガレージが手がけた特別限定モデルの「ミニ・クーパー・グランプリ」が発売された。笑顔で立っているのは、1961年にクーパーモデルを誕生させたジョン・クーパー。

なり、その後、1994年のヒット作の『フォー・ウェディング』、2001年の『ブリジット・ジョーンズの日記』、2002年の『ボーン・アイデンティティ』などにも登場している。

「ミニ・コード」

　ヨーロッパをはじめとする海外でミニを生産しようというベンチャー事業は、過去にいくつもあった。なかでも興味深い試みは、プラスチックまたはグラスファイバー製のミニ製造計画だった。その目的は、必要な素材の入手ができない、または設備が利用できないという理由で、一般的なプレス加工のスティール製ボディの製造ができない海外の工場生産で使うボディシェルをつくることだった。1960年代後半には、カウリーのプレス工場、プレスト・スティール・フィッシャーでコンセプトモデルのリサーチが行なわれ、走行可能な試作車がつくられてテストが実施されている。そしてこの試作車を生産する試みが、ブリティッシュ・レイランドのチリ工場で行なわれたものの、この取り組みは成功しなかった。

　ところが、1990年に再び、このアイディアの実現に向けたプロジェクトが開始される。1960年代後半につくられた数台の試作車は、ローバーグループの歴史車両として保存されていた。そのうちの1台がベネズエラに送られ、現地の製造会社との共同事業の一環として検討および評価されることになったのだ。この結果、「ミニ・コード」が誕生する。ミニ・コードはベネズエラのカラボボ州マリアラのファコラ工場で、1991年12月に生産が開始された。ルーフのまわりにはミニの特徴であるレイン・チャンネルもイミテーションでデザインされ、見た目はおなじみのミニである。メカニカル・コンポーネントと998ccのパワーユニットは、イギリスから供給された。また、ミニ・コードにはクーパー・バージョンも製造されたが、期待に沿う出来ではなかった。ミニ・コードの生産台数は年間5,000台が目標であったが、実際には、1992年の年間生産台数798台がピークとなった。

　ミニ・コードは興味深いモデルであったが、1995年に生産を終了している。

BMWのローバーグループ買収

　1994年、BMWがブリティッシュ・エアロスペースからローバーグループを買収す

1990年代にベネズエラで生産されたミニ・コード。そのボディシェルはスティールではなく、樹脂およびグラスファイバー製だった。998ccのエンジンとサスペンションなどの構成部品はイギリスから供給された。

ベネズエラで生産されたミニ・コードの組み立てライン。先進性とは無縁のようだ。

る。ミニの販売が長年継続できたのは、単純に製品の優秀性のみならず、ミニという自身の名前が牽引してきた強いブランド・アイデンティティによるところが大きいと、BMWは理解していた。そして自分たちの手で、新生ミニのブランド・アイデンティティを確立することをめざし、これを将来戦略の柱として、R50と呼ばれる後継モデルのプロジェクトを開始する。当時、BMWのマーケティング・チームはR50プロジェクトの指針を次のように会社から示された。

"現在のミニ（注：1959年に誕生したミニのこと）にふさわしい後継モデルをつくるために、またそれを実行するために、大きな活力と感情に訴えかける力を持つ、'ミニ'というブランドがもたらす機会を最大限に活用する。また、消費者の

第5章　異例の長寿モデル「ミニ」

指向の変化によって新たに出現した、プレミアム・コンパクトカーというセグメントにおけるビジネスチャンスを活かし、広げていく"

　BMWは後継モデルを誕生させるために多額の資金を準備していたが、新型ミニを投入する準備が整う2000年まで、オリジナルのミニの生産を継続する必要があった。そこで、資金の一部を従来のミニに充てることになった。1996年にBMWはミニのフェイスリフトを行ない、その改良項目には、衝突時安全性を高めるエアバッグとサイドインパクトビーム（ドア内部の補強材）の装着、およびラジエターのレイアウト変更（日本仕様はサイドラジエターのまま）も含まれていた。ミニの販売を続けるために投資したコストのいくらかを回収しようと、標準装備のミニの価格は6,000ポンドから9,000ポンドへと大きく上がった（参考：1996年の為替レートをもとに1ポンド＝180円で換算すると、当時のイギリスでミニの価格は、108万円から162万円相当に値上がりしたことになる）。

1997年のジュネーブ・モーターショーでBMW傘下のローバーは、"ミニ・スピリチュアル"と名づけた2台のコンセプトを発表。コンセプトカーの後ろには、アレック・イシゴニスの大きな写真が置かれていた。ミレニアムが近づいていたが、21世紀にも"ミニ"という名が引き継がれていくことを示唆していた。

しかし、それでもミニは売れ続けた。BMWによって「ローバー100」という名に変更されていたメトロは、1997年に製造が終了された。だが、ミニの生産はまだ続いていた。この結果BMWは、"ミニ"という名前は傘下に収めたローバーグループの資産のなかでもっとも価値の高いものだと、いっそう強い確信を持った。当時のミニの販促キャンペーンでは、"個性"、"感動"、"魅力"、"楽しさ"という言葉が盛んに使われていた。

かつて1969年に、"オースティン"と"モーリス"というブランド名をミニから外し、"ミニ"というブランドを誕生させたことが、このクルマの未来を確かなものにしたのである（"ミニ"ブランドの誕生については、第4章の6「Mk III（ADO20）と「ミニ・クラブマン」」の最終部を参照）。しかし、当時のブリティッシュ・レイランドは、自分たちが行なったこの決定がそれほど重要であるとは認識していなかったであろう。

3　愛され続ける「ミニ」

BMWの撤退

ミニの最終章は、ローバーグループの運命と深く関係している。2000年にBMWは、従来の顧客層であるプレミアムマーケットに再び焦点を絞り、活動していくと決定する。しかし同時に、これまでに巨額の資金を投じて行なってきたBMWの新型ミニの計画は、継続していくことも決定したのだ。当初、新型ミニはロングブリッジ工場で生産されることになっていたが、オックスフォードのカウリー工場で生産することに変更された。そして、ローバーグループ並びにロングブリッジ工場は、当時の労働党ブレア政権の仲介のもと、ジョン・タワーズが率いるフェニックス・コンソーシアムにBMWから売却される。この時、オリジナルのミニの生産は、定められた日程で終了することが契約条件に明記されたのである。

「ミニ」の生産終了

こうして、ロングブリッジ工場は2000年10月4日にミニの生産を終えること

第 5 章　異例の長寿モデル「ミニ」

BMW が撤退し、ローバーグループはフェニックス・コンソーシアムに売却され、MG ローバーという会社になる。2000 年 10 月 4 日、ポップシンガーのルルが最終生産のクーパーに乗ってラインオフし、「イシゴニス・ミニ」の生産は終了。イシゴニスのチームで活躍したジャック・ダニエルズとジョン・シェパードも式典に参列していた。

になり、公式にプレスイベントが行なわれた。1959 年にイシゴニスが生み出したミニの最後の 1 台は、ボディカラーが赤で白のストライプが施されたミニ・クーパーであった。1960 年代の全盛期を鑑みて、映画『ミニミニ大作戦』のテーマ曲が流れるなか、ポップシンガーのルルがハンドルを握ってラインオフした。

この最終生産車はブリティッシュ・モーター・インダストリー・ヘリテッジ・トラスト（BMIHT）に寄贈され、1959 年に生産されたモーリス・ミニマイナーの生産第 1 号車とともに、イギリス中部のゲイドンにあるブリティッシュ・モーター・ミュージアムに展示されている。

愛され続ける「ミニ」

　約 530 万台の生産が終了した後も、ミニに対するジャーナリスト、デザイナー、

219

かつてミニのボディシェルの溶接が行なわれていた"オールド・ウェストワークス"は、2006年にこの施設が取り壊されるまで残っていた。

　世の中の人たちからの支持は続いた。ミニには、人々の想像力を強く刺激する力があり、その名前とスタイリングは世界中のマーケットで有効な武器になると考えられたからだ。ミニは、そのように位置づけられた数少ないクルマのひとつである。

　今日、世界的に見て、クルマは徐々に"特別なモノ"ではなくなり、個性を失う傾向にある。そうしたなか、ヨーロッパの自動車会社は注目を集める商品をつくろうと考え、2000年代に入ってから"レトロ"をテーマに採用した新型モデルを登場させる。その代表が、オリジナルモデルからインスピレーションを受けて、最新のデザインに更新されたフォルクスワーゲン・ビートル、フィアット500の新型モデルである。しかし、このジャンルで最も成功しているクルマは、BMWのミニではないだろうか。

　イギリスの人々は、イシゴニスが1959年に誕生させたミニのことを「イシゴニス・ミニ」と呼んでいる。人々のミニに対する熱い思いは、いまも衰えていない。

第5章　異例の長寿モデル「ミニ」

50歳の誕生日。ブリティシュ・モーター・ミュージアムを出発して、ミニ50周年の記念イベントへ向かう「モーリス・ミニマイナー」の生産第1号車（2009年8月撮影）。

2009年にミニが50周年を迎えた時には、かつてのロングブリッジ工場の向かい側にあるコフトンパークから恒例のイベント会場のシルバーストーンまで、盛大なパレードが行なわれた。シルバーストーンではミニを愛する人たちが世代を超えて、50周年を祝った。そして2019年、ミニはついに誕生から60周年を迎えた。

第6章　定年後のイシゴニス

1　コンサルタント契約と新たな生活

定年退職後も9Xに取り組む

　イシゴニスは、1971年末に65歳で定年退職を迎えた。イシゴニスにとってエンジニアの仕事は彼の人生そのもので、仕事以外のことにはほとんど興味を持ってこなかったので、定年退職に対して長年恐れを抱いていたと思われる。技術

1971年11月に行なわれたイシゴニスの退職パーティ。オースティン・モーリス事業部門のマネージング・ダイレクター、ジョージ・ターンブルからイシゴニスが好きな組立式の模型セット、"メカーノ"の上級者向けで大型のNo.10が贈呈された。

第6章　定年後のイシゴニス

統括責任者であり、BMCの役員でもあった1964年当時、イシゴニスは次のように語っている。

「私が定年退職を迎えるまで、あと7年あります。まだ先は長いですが、かといって今すぐ引退したら、ひどく退屈してしまうでしょう。時々、働きすぎていると感じる時は、もう働くのをやめようと思うこともありますけれど、現時点では、引退なんてことはまったく考えられませんね。でも、定年退職を迎える65歳になった時には、今とは違う考え方をしているかもしれません。とはいえ、私はエンジニアという仕事が大好きですし、引退したら何をするかなんて、今はまったく考えられませんね。ひとつ確かなのは、引退後、海外で暮らす可能性はまったくないということです。私はイギリスが大好きですから、ずっとこの国で暮らしたいと思ってます（後略）」

　1971年11月に65歳の誕生日を迎えるにあたって、イシゴニスの退職パーティが盛大に行なわれている。その場所は、1959年にミニの発表会が行なわれたロングブリッジのエキジビション・ホールである。会場には、イシゴニスが手掛けたクルマもすべて並べられていた。モーリス・マイナー以外はすべてがまだ現行モデルだったが、そのモーリス・マイナーもわずか半年前に生産が終了したばかりだった。また、モンテカルロ・ラリーで優勝した3台のミニも展示されていた。

　ブリティッシュ・レイランドは、先に述べたとおり、退職後も先行設計コンサルタントとしてイシゴニスと契約を結びたいと提案する。そしてイシゴニスはこれを引き受け、週に少なくとも3.5日働くという条件で契約を結んだ。退職前の3年間は、小型車"9X"をミニの後継モデルとして誕生させることに力を注いできたイシゴニスだったが、退職を迎えたこの時、実はまだ9Xをあきらめていなかった。

　ブリティッシュ・レイランドがイシゴニスとコンサルタント契約を結んだ理由ははっきりとはわからないが、イシゴニスはメディアと強い繋がりを持っていたので、メディアを使ってイシゴニスが会社を批判することを恐れていたのかもしれない。とはいえ、たとえコンサルタント契約を結ばなかったとしても、彼がそのような行動をとったとは考えにくい。もうひとつ可能性のある理由は、退職後にイシ

ゴニスが同業他社と契約を結び、新たな技術的アイディアを他社に提供するということが起きないようにしておきたかったのかもしれない。

　新型車「オースティン・マキシ」の販売が奮わず、降格が決定的となった1969年以降、イシゴニスは"クレムリン"（ロングブリッジの経営陣のオフィスビル）の地下で仕事をしていた。そこは、かつてはロングブリッジのお抱え運転手たちのガレージだったところで、その奥行きはビルの全長におよんでいた。イシゴニスはこの地下をワークショップ（作業場）として使い、その奥に自分のオフィスをつくり、さらにその隣に、1976年までイシゴニスの秘書を務めることになるスザンヌ・ハンキーの仕事部屋をつくった。そして、残りのスペースを製図室として使って

定年退職後もコンサルタントとして仕事を続けたイシゴニス。1972年1月、退職前から使っていた"クレムリン"の地下のワークショップと製図室に戻ってきた。

いた。

　しかし、先行設計コンサルタントとして契約を結んだ後に、イシゴニスは正式なオフィスを要求する。そして当初は"クレムリン"の1階に、その後しばらくして、もっと広くて眺めの良い2階のオフィスが提供されている。そこはイシゴニスが1955年の終わりにロングブリッジで仕事を始めた時に使っていたオフィスの近くで、会社の経営陣のオフィスにも近かった。しかし、ブリティッシュ・レイランドは本社棟の維持と管理をきちんとしておらず、割り当てられたこの部屋には贅沢な装飾が施されていながら、ひどく雨漏りする状態になっていた。したがって、イシゴニスは2階の部屋を正式なオフィスとしながらも、以前と同じように地下のワークショップで過ごす時間の方が多かったという。それでも、正式なオフィスが提供されたことは、ちょっとした勝利だとイシゴニスは思っていた。

　イシゴニスがコンサルタント契約を受け入れたのは、経済的な理由もあったかもしれないが、それ以上に彼自身にとって仕事を続ける必要があったからだ。イシゴニスは、ブリティッシュ・レイランドの経営幹部にはもはや自分の提案したニューモデルを採用するつもりはないと知って以来、"新型車9X"のプロジェクトを継続していく最善の方法は、見た目の新しさではなく、技術面に集中することだと考えるようになっていた。なかでも小型で軽量な"9Xエンジン"の開発が、この小型車開発の最重要項目になると見定めていた。パワーユニットがいかにスペースの節約に貢献できるかが、小型車開発の鍵を握っていると考えていたのだ。

耳の病と母の死

　イシゴニスは定年退職を迎える数年前から、耳の病気を患い始めていた。最初に症状を感じたのは1965年で、この時はまだ深刻な状況ではなかった。しかし1970年までにはメニエール病（発作的なめまい、耳鳴り、聴力低下を起こす耳の病気）と医師から診断され、手術を勧められている。だが、母のハルダは、リスクが大きいという理由で息子が手術を受けることに猛反対した。

　一方、時を同じくして、高齢のハルダの体調も悪化していった。イシゴニス

は出張などで家に帰れない時には、知人に母の様子をみてもらうように頼んでいた。しかし、1972年8月20日に88歳の誕生日を迎えた頃には、ハルダの容態はいっそう悪化し、入院を余儀なくされる。そして同年9月15日、ハルダは亡くなった。

　定年退職から1年も経たないうちに、イシゴニスはたった一人の肉親である最愛の母を亡くしてしまった。イシゴニスの心の動揺は、母の死亡届の手続きをする際に、母の誕生日を間違って記入していることからも窺える。ハルダの死因は心臓疾患と老衰と記録に残されている。かつて知的で快活だった母の最後の数週間は痛ましいものだったと、後にイシゴニスは友人に語っている。十代半ばで父を亡くし、その後は母から一心に深い愛情を受けて育てられたイシゴニスにとって、66年間一緒に暮らした母はかけがえのない存在であった。イシゴニスは母の死を悼み、また母を失ったことで大きな孤独感にさいなまれ、自身の行く末を案ずるようにもなっていった。

正真正銘の変わり者

　1972年に母が亡くなり、イシゴニスの生活環境は変化した。母の死から数ヵ月後には、家族がいなくなって最初のクリスマスがやってきた。1972年から1975年のクリスマスは、長年の友人、ジョージ・ダウスンの家で彼の家族と一緒に過ごしている。また、トルコ時代からの友人のドナルド・リドルや、ダウスンを通して友人となったジョン・ラッシャーとその妻のベッツィとも交流を持ち続け、ジョージ・ダウスンの娘ペニーと息子クリストファーともランチに出かけたり、モーターショーに出向いたりしていた。

　一人暮らしをするようになってから、自宅では細かいことにこだわって気難しくなる時もあったようだ。たとえば、イシゴニスは自宅の裏庭のテラスで過ごすことを好んだが、家に訪ねてきた友人に、庭にタバコの灰を落とすことを禁じたという。庭を汚したくなかったし、そのほうが植物にも良いと考えていたからだ。また、食べ終わった皿を重ねることも禁止した。皿を重ねると、両面洗わなくてはならないからというのが、その理由である。

また、次第に頑固になっていった。普段個人的に乗るクルマは、自分自身が手がけたクルマ、または開発中のクルマに限られ、他のクルマには乗らなくなった。イシゴニスの家を訪ねた友人と同僚の多くが、「レンジローバーも、ジャガーも、うちの敷地には停めないでくれ」などと言われ（他のクルマでも同様）、クルマをどこか他の所へ移動しなければならなかった。その相手がビル・ヘインズ（ジャガーの幹部で、ハンバー時代のイシゴニスの同僚）であろうと、トニー・ドーソン（元同僚）であろうと、マイク・パークス（元レーシングドライバー）、それにスノードン伯爵であろうと関係なく、だれもが同じ扱いを受けた。社交上の常識とか習慣といったものは、イシゴニスには無縁だったのだ。それに、世間話や形式的なことも嫌いだった。帰り際に友人たちが玄関先で少し話をしようとすると、「サヨナラは短く！」と言って、玄関ドアをバタリと閉めてしまったこともあった。友人のピエロ・カスチ（イタリア人ジャーナリスト）はイシゴニスのことをこう話している。「予測不可能な人で、正真正銘の変わり者ですよ」

耳の手術を決断

定年後、イシゴニスの耳の病気は悪化し、活動の範囲が狭まった。軽いめまいを起こすことも時々あり、酔っ払っていると勘違いされることを恐れて、あまりよく知らない人とは交流の機会を持とうと思わなくなったようだ。また、耳の病気が悪化してからは、飛行機に乗ることも困難になった。しかし、そのような状況でも、1973年5月には個人的にイタリアへ出かけている。かつてはよくトリノを訪れていたが、最近はその機会はなくなっていたからだ。初日はダンテ・ジアコーサ（フィアットのエンジニア）とピエロ・カスチ（イタリア人ジャーナリスト）と会い、翌日はセルジオ・ピニンファリーナと彼の妻ジョージアと食事をしている。この旅のもうひとつの目的地は、シチリア島だった。当時、この島で毎年開催されていた公道自動車レース、タルガ・フローリオの観戦を楽しんだ。

イギリスへ帰る前日には、日中はイタリアのジャーナリストからインタビューを受けたりしていたが、夜になってめまいの発作に襲われ、体調が思わしくなくなった。翌朝、予約していた飛行機に乗って、何とかバーミンガムへ戻って来たもの

の、この旅はイシゴニスに先行きの不安を感じさせたのである。

　耳の症状はさらに悪化し、1973 年 7 月、イシゴニスはついに耳の手術を受ける。そして退院後は、旧い友人に会えば元気が出て、健康の回復が早まるかもしれないと期待し、トルコに住む友人のドナルド・リドルを訪ねている。しかし、体調が好転することはなかった。したがってその後は、完全に治療が終わるまで海外には行かないと決心した。イシゴニスは、「手術をすれば治ると思っていましたが、まだめまいがするのですよ。手術の結果を判断するにはまだ早すぎるのかもしれませんが……」とセルジオ・ピニンファリーナに語っている。さらに同年 10 月、ロンドン・モーターショーへ行き、ホテルに泊まった時も、症状はまだ改善されていなかった。体調は次第に悪化し、やがてイシゴニスは家に引きこもるようになる。海外には出かけなくなり、それから数年のうちに、イギリス国内を旅することもめっきり少なくなった。

　しかし、この頃、嬉しい出来事もあった。イシゴニスはトルコから帰った後、久しぶりに親類のメイ・ランサムの家を訪ね、メイに再会したのである。彼女は、イシゴニスの親友で一緒にオースティン・セブンの改良に取り組んでいたピーター・ランサムと 1933 年に結婚し、その後は東南アジアに住んでいたが、イギリスに戻ろうとしていた 1939 年に夫のピーターを交通事故で亡くした。その後、メイはピーターとの間にもうけた息子と娘とともにイギリスで暮らしていた。イシゴニスは 1940 年代には、母ハルダと一緒によくメイに会いに行っていたが、この時は久しぶりの再会だった。メイの娘のサリーにも再会し、サリーの子供達とも一緒に楽しく遊んだ。メイはイシゴニスとほぼ同い年で、当時 60 代後半になっていたが、この再会の後、彼女は片道数時間かけてイシゴニスの家（バーミンガム近郊）を定期的に訪ねるようになった。トルコで過ごした子供時代から交流が深かったメイは、イシゴニスの幼なじみであると同時に母ハルダのこともよく知っていたので、イシゴニスはメイが時々来てくれることをとても喜んだ。1970 年代と 1980 年代を通して、メイはイシゴニスを精神的に支えたのである。

2　"ギヤレスカー"のプロジェクト

もうひとつのプロジェクト

　イシゴニスは定年退職の前年の1970年から、9Xとは別のプロジェクトに取り組み始めていた。それは"ギヤレスカー"の開発である。イシゴニスは"ギヤレス"を9Xエンジン専用とは考えておらず、AシリーズエンジンとEシリーズエンジンにも組み合わせ可能にしていた。また、この開発について、1973年に次のように書いている。
「ミニは14年前に小型車設計における新しい概念を築いた。新型車というものは、未来のクルマの設計に新しい模範を示さなければならない。ギヤレスカーはその答えなのだ」
　いつものように、イシゴニスはミニを素材として選び、またしてもスライド式ウィンドウはパッケージの一部となっていた（このスライド式にはさらにイシゴニスのこだわりの改良が加えられており、ドライバーはバックする時に窓から顔を出す

自宅で9Xの試作車に乗り、後方確認するイシゴニス。こだわりのスライド式のウィンドウは、ドライバーの横顔のラインに沿うようにカットされている。ハッチバックスタイルの9Xには、ラバーコーンでもハイドロラスティックでもなく、垂直ストラット方式のサスペンションを設計。"ギヤレスカー"の開発にも取り組む。

229

ことができた）。イシゴニスは 1970 年代半ばまでに、ギヤレスのユニットを搭載した、数台のミニで実験を行なっている。ギヤレスの開発が始まって初期につくられた試作車には、幅広い回転数で十分な性能が発揮できるように、排気量 1275cc を試験的に 1375cc へと拡大した A シリーズエンジンが搭載され、またその車両重量は、従来の 1275cc 搭載モデルよりも約 79kg 少なく、591kg にまで軽量化されていた。

　当時、ギヤレスの開発に一緒に取り組んだエンジニアによれば、イシゴニスは試作車のグループテストを"クレムリン"（経営陣のオフィス棟）の目の前の車道で実施しようと、いたずらっぽい笑みをうかべながら決定したという。テスト前に準備をしていると、いったい何が始まるのだろうと、（期待どおりに）クレムリンから数人の経営幹部が出て来た。しかし、イシゴニスはぶっきらぼうに、「これからテストを行ないますから、こちらへは来ないでください」と追い払うしぐさをしながら言った。そしてスタートの合図として、ハンカチを地面に落とした。すると、ギヤレスを搭載したミニの集団が架空のスタートラインを一斉にスタートし、低速でありながらもこのクルマならではのスピード感あふれる走りを披露した。

　"ギヤレス"とは、AT のことではない。「ギヤレスと AT は同じようなものだ」などと誰かが発言すると、イシゴニスは顔をしかめたという。当時、まだ AT 車は一般的に燃費が悪く、走りも良くないと思われていた。実際、1965 年に発表されたオートモーティブ・プロダクツ製の AT を搭載したミニも、当時は販売に苦戦していたので、イシゴニスは"ギヤレス"と AT は異なるものだということを明確にしておきたかったのだ。ギヤレスカーは、変速ギヤ付きのクルマとは異なり、クラッチも通常のトランスミッションも必要ない。また、ベルト伝動を利用して変速を行なう CVT とも異なる。ギヤレスでは、エンジンの回転を切ったりつなげたりするクラッチの役割、およびトルクを増幅して回転速度を変化させるトランスミッションの役割の両方を"トルクコンバーター"が一手に担い、ギヤ（歯車）によって変速を行なう副変速機部は存在しない。イシゴニスは大胆にも、極めてシンプルな構造の自動変速機の開発を行なっていたのである。ドライバーは手動で変速操作を行なう必要はないので、楽に運転できる。またイシゴニスによれば、

ギヤ付きのクルマよりも修理もずっと容易だという。1) パーツ数が少なく、2) トランスミッションがないので、ドライバーの誤用で壊れる心配がない、というのがその理由である。

ギヤレス搭載ミニの最大の課題は、低速時のレスポンスが芳しくなく、登坂能力が良くないことだった。イシゴニスの家からロングブリッジまでのルートには、傾斜の厳しい坂道はなかったが、当時行なわれたロードテストの結果から、この点は明らかであった。

イシゴニスはギヤレスカーを"シティカー"と呼び、ギヤレスを搭載した9Xの1台を自分の街乗り用のクルマとして、実験を続けていた。

ギヤレスカー、実現の兆し

前述のように、1975年にブリティッシュ・レイランドは国有化され（第4章の7「低迷期の1970年代、そしてライバルの台頭」を参照）、新しい最高経営責任者には、前年から財務担当役員としてこの会社で仕事を始めていたアレックス・パークが就任する。また、量産車の販売とマーケティングは"レイランド・カーズ"という事業部門に割り当てられ、その責任者には、かつてフォードやジェネラル・エレクトリック・カンパニーに在籍していたデレク・ホイッタカーが就任する。また、レンジローバーを開発したスペン・キングが技術部門全体の責任者となり、量産車も統括していた。

ブリティッシュ・レイランドは以前から取り組んでいたADO88（ミニの後継）とADO99（アレグロのエクステリアを変更するモデル）のプロジェクトを新体制でも継続することになる。また、ADO88と競っていたハッチバックの"スーパーミニ"のプロジェクト、ADO74はすでに1974年に中止された。イシゴニスが1959年に開発したミニは、この時点で誕生から16年が経過していたが、将来の製品ラインナップのなかでは、まだ必要であると新経営陣は考え、ミニの生産を継続した。またイシゴニスに対しても、新経営陣は前経営陣よりも良心的に対応するようになる。

1975年10月、先行商品企画を担当するチャールズ・ブルマーが、イシゴニスが

開発を進めていたギヤレスを搭載したミニに市街地と高速道路で試乗し、2台の「ミニ1000」（1台はクラブマン、もう1台はAT仕様）との比較テストを行なっている。この試乗の目的は、ギヤレスカーを日常の走行条件で走らせることであり、特に燃費に関心が集まっていた。ところが、この試乗では、燃費についてはギヤレスを搭載したミニと「ミニ1000」との間に大きな違いは見られなかった（これに対してイシゴニスはチューニングがまだ十分ではないと主張）。しかし、ギヤレス搭載ミニの時速30-60mile（時速48-97km）の速度域での加速は、2台の「ミニ1000」よりも優れていた。また全体として耳障りなノイズもなく、時速70mile（時速113km）までは快適に走ると、良い評価を受けている。しかし、時速20mile（時速32km）に達するまでの低速域には課題があり、また、坂道発進は事実上不可能と評価されている。

　さらに翌月（1975年11月）には、レイランド・カーズの責任者のデレク・ホイッタカー、技術部門責任者のスペン・キング、元イシゴニスのチームのチャールズ・グリフィン、商品企画のアラン・エディス、それにイシゴニスが出席し、ギヤレスカーについて会議を行なっている。レイランド・カーズは、1750ccのEシリーズエンジンにギヤレスを組み合わせることに興味を持ち、また開発中のADO88（後のメトロ）に、複雑でコストの高い既存の専用AT（ミニに採用していたオートモーティブ・プロダクト社製のAT）の代わりにギヤレス採用の可能性を検討することになり、生産開始は1979年夏を目指すと目標を定めた。イシゴニスは、会議のメモに"トルクウエイトレシオが高すぎるため、この組み合わせは不向き"と書いているが、会議の席ではこのことは表明せず、ギヤレスが認められたことを喜んだ。イシゴニスの開発チームは、1500ccのEシリーズエンジンにギヤレスを組み合わせた2台のプロトタイプのテストを進めることになった。そして、テストベンチによる評価、および高温、厳しい勾配などの条件の下、海外で実施される走行プログラムも予定され、予算はスペン・キングの技術部門が負担することと決定している。

　1976年3月に、イシゴニスのコンサルタント契約は更新されている。また、何らかの理由で契約が変更される場合、それまでは6ヵ月前までに通知されることになっていたが、イシゴニスが12ヵ月前としてほしいとリクエストしたところ、

これも了承された。また、コンサルタント報酬額も物価上昇分が引き上げられた。1970年代前半には光を失っていたイギリス自動車業界の"星"は、こうして70年代半ばに再び輝きを取り戻したのである。

3　在宅ワーク

体調の悪化

　仕事の環境は改善されたが、ちょうど同時期にイシゴニスの健康状態は悪化した。イシゴニスの業務日誌から判断すると、1975年は10月14日のロンドン・モーターショーが仕事関連の最後の外出だったと思われる。これ以前の日にちについても日誌にはわずかしか予定は書かれておらず、ロンドン・モーターショーの後には何も記載されていない。そして翌年からは、仕事は完全に自宅で行なうようになったと思われる。1977年までに病院でさまざまな検査を集中的に受けたが、担当医師は残念ながら、回復に向けた特別な薬や治療はないと診断した。

　健康状態の悪化に加え、1970年代には親交の深かった人たちが亡くなり始め、イシゴニスの孤独感は強まったようだ。前述のように、まず母ハルダが1972年に亡くなる。また、ダウントン・エンジニアリングのダニエル・リッチモンドも1972年に46歳という若さで亡くなっており、ダニエルの妻バンティ（本名：ヴェロニカ）も5年後に自殺する。そして、トルコ時代からの友人ドナルド・リドルが1976年に72歳で亡くなり、その翌年には、友人で元レーシングドライバーのマイク・パークスが46歳で交通事故死している。さらに1979年には、ライトウェイト・スペシャルを一緒につくったジョージ・ダウスンが71歳で死亡し、自動車業界で仕事をしていた親友のジョン・モーリスも同じく1979年に亡くなる。

　イシゴニス本人の健康状態は、1970年代末には著しく悪化していた。そして、人生の大きな楽しみのひとつだったクルマの運転ができなくなり、運転手を雇うことになる。そういう状況でありながら、イシゴニスはメディアには相変わらず人気があった。また、BMCとブリティッシュ・レイランドで長年広報を務めて、

ちょうどこの頃退職したトニー・ドーソンが、個人秘書兼広報としてイシゴニスをサポートすることになった。ドーソン自身も健康に問題が生じ始めていたが、二人の関係はPR担当とそのクライアント以上に繋がっていたといえる。ドーソンと彼の妻のパディは、仕事と精神の両面でイシゴニスを支えたのだ。イシゴニスが自宅から外出をしなくなってからは、ドーソンはほとんど毎日イシゴニスの家を訪ね、それができない時には、電話をしてイシゴニスが元気に過ごしているかを確認した。

　1979年、ミニが誕生から20周年を迎えた時、初めての大規模な記念イベントがドニントンパークで開催されることになった。イシゴニスは出席できなかったが、代わりに会場にメッセージを送っている。また、BBCの取材に対し、自宅で5分間だけインタビューに応じることにした。インタビュアーは、イシゴニスが長年よく知っているレイモンド・バクスターであった（バクスターはBMCのドライバーとして、モンテカルロ・ラリーにも出場している）。しかし、同席するはずのドーソンが遅れたため、イシゴニスは動揺していたという。だが、いったんインタビューが始まると、イシゴニスはリラックスして受け答えをし、インタビューは万事うまくいった。しかし、これはイシゴニスが自信を失っていることが表面化した出来事だといえる。20年前であれば、バクスターのようによく知っている人物からのインタビューはまったく緊張することもなく、楽しい会話がはずんでいただろう。

マーク・スノードンとロッド・ブル

　イシゴニスの健康状態は悪化していたが、仕事は続けていた。イシゴニスには専任のエンジニアが2名ついており、彼らは毎朝イシゴニスの自宅にやって来て指示を受けていた。イシゴニスがロングブリッジに行くことはなかったが、元部下のチャールズ・グリフィンなど、当時まだロングブリッジで働いていた友人たちから話を聞き、今もなおロングブリッジへの関心は持ち続けていた。また、1970年代後半にはブリティッシュ・レイランド内の新たな味方として、マーク・スノードンという経営幹部が現れる。イシゴニスとスノードンの出会いは、1973年にスノードンが

ブリティッシュ・レイランドで仕事を始めた時であった。ミニの改善計画に一緒に取り組み、イシゴニスとスノードンは馬が合っていたという。その後スノードンは昇進の道を歩み、一時は拠点をロングブリッジから他に移していたが、1977年にオースティン・モーリス事業部門の商品企画責任者として再びロングブリッジに戻って来た。そして、イシゴニスに意味のある仕事が与えられていない状況を見て心を痛めた。スノードンはその後、定期的にイシゴニスの家を訪ねるようになる。

スノードンはイシゴニスという名前には大きな価値があり、またミニの人気が引き続き高いことから、イシゴニスとミニは未だブリティッシュ・レイランドを象徴する存在だと認識していた。このことをもっとうまく活かしたいと考え、イシゴニスの活動をロングブリッジから完全に切り離すことを思いつく。というのも、当時の契約では、イシゴニスのためにエンジニアを割り当てて実験を行なったり、イシゴニスの家に通わせたりしなければならず、ブリティッシュ・レイランドにとってコストがかかりすぎていたのだ。新たに"イシゴニス・ディベロップメント社"という名の会社を登録し、外部の施設を使って、開発実験を行なう組織をつくることも検討された。そうすればブリティッシュ・レイランド内のエンジニアを割り当てる必要はなく、それどころか、この新会社はイシゴニスと一緒に働きたいと考える有能な若手エンジニアを魅きつけるだろう。採用後しばらくの間イシゴニスと一緒に仕事をし、その後、ブリティッシュ・レイランドに転属すれば、有能な若手を採用できる可能性も高まり、ブリティッシュ・レイランド自体も恩恵を受けられるとスノードンは考えたのである。

これはブリティッシュ・レイランドのイシゴニスに対する、この当時の考え方を端的に表している。イシゴニスの名声と能力は重視しているが、彼が現在行なっている研究は必ずしも重視していなかった。同時にブリティッシュ・レイランドの経営陣には、イシゴニスをよく理解する人物はもう残っていなかった。イシゴニスのように反インテリであり、また一緒に働くのが必ずしも容易でない人物は、若手エンジニアの父親的存在としてはまったく不向きであろう。さらにイシゴニスはいつも、よく知った人たちと小さなチームをつくって仕事をしてきた人であり、チームのメンバーが絶えず変わり続け、そのたびに人間関係を構築しなけ

ればならない環境のなかで仕事をすることは、彼にとっては心の負担にしかならなかったはずである。

　驚きではないが、"イシゴニス・ディベロップメント社"は実現しなかった。しかし、代替案として、スノードンは1980年に一人のエンジニアをイシゴニスとロングブリッジとの橋渡し役として割り当てることにした。この役目を担ったのは、ロドニー・ブル（通称：ロッド・ブル）という名の若手のエンジニアで、1970年にブリティッシュ・レイランドに入社した人物である。ブルは車両実験部門で働いていたので、定期的に性能試験場へ行かなければならなかった。そして性能試験場で9Xプロジェクトに関わっていた二人のエンジニアと偶然出会った。ブルはこの当時、ロングブリッジを拠点とする仕事をしたいと希望していて、イシゴニスが一緒に仕事をする技術者を探しているという話を聞くと、希望がかなうかもしれないと思い、そのポストに興味を持った。そして、イシゴニスの面接に見事合格したブルは、1980年6月16日の月曜日からイシゴニスと一緒に仕事を始める。

　イシゴニスと一緒に働くことになったロッド・ブルの拠点はロングブリッジとなり、イシゴニスに割り当てられていた"クレムリン"の雨漏りする2階のオフィスを使うことになった。だが、イシゴニスと同様に、ブルも地下のワークショップ（作業場）を好んだ。ロッド・ブルはイシゴニスのもとで7年近く働き、イシゴニスの代理として、新聞記者、レーシングドライバー、イギリス王室、ブリティッシュ・レイランドの会長からエンジニアまで、さまざまな人に会っている。イシゴニスの家を毎朝10時半に訪れて指示を受け、また性能試験場に行く必要がある時は2時半に訪ねて、結果を報告していた。イシゴニスのブルに対する対応は、かつてのイシゴニス・チームのメンバーたちに対する接し方と変わっていなかった。そして、指示を与え終わるといつも必ず、「さあ戻って、すぐにやりなさい」というのも、かつてと同じであった。

　1980年にはめったに家から遠出はしなくなるほど体調が悪い日が多くなっていたが、一緒に働いたロッド・ブルのイシゴニスに対する印象は、ダニエルズ、キンガム、シェパードなど、かつてのチームのメンバーが知っているイシゴニスと同じだった。そして、ブルもかつてのメンバーと同じように、機転を利かせて

素早く適応することが、イシゴニスと円滑に働くためには大切だと気がついた。たとえばブルが何かを報告している時、それが自分の期待していた結果ではないとわかった場合、イシゴニスはすぐに別の角度から物事を考え始め、その思考は早くも角を曲って別の道まで進んでいることがよくあったという。そんな時ブルは、イシゴニスの思考に直ちに追いつかなければならないのだ。

　ロッド・ブルは３ヵ月に１度、マーク・スノードンにイシゴニスに関することを報告していた。スノードンは、何か実現可能な良いアイディアがあれば、それを実際に採用したいと思っていたが、9Xプロジェクトはすでに商品計画から除外されており、現実的にはその可能性はほとんどなかった。しかし、イシゴニスはこの事実を受け入れる準備ができておらず、コストのかかる実験をブリティッシュ・レイランドにリクエストしたこともあったようだ。

「ミニ」の改良に貢献

　イシゴニスは9Xやギヤレスのみならず、ミニの改良の考案にも携わっていた。ブルはイシゴニスと一緒に、Aシリーズエンジンの燃費を改善するためにキャブレターのダウンドラフトとアップドラフトの実験を行なっている。この実験は過酷な条件下で行なわれた。というのも、イシゴニスはもはや会社の実験設備を利用することがほとんどできない状況にあったからだ。イシゴニスが使える試験台はなかったので、実際にクルマを走らせて燃料消費量を計測しなければならず、またその結果に説得力を持たせるためには、信頼性と再現性の確保が必要になる。イシゴニスとブルは、２台のクルマに改良型マニホールドを取り付けて実験を行なった。しかも、テストは車内に持ち込んだ温度計が－15℃を示す、厳しい寒さの戸外で実施された。ところがこの寒さにもかかわらず、エンジンは１秒半もしないうちに始動したので、イシゴニスはとても喜んでいたという。

　この時イシゴニスが改良した方法では、エンジンの圧縮比が変わって基本設計に影響を与えてしまうため、最終的にこの方法そのものは採用されなかった。しかし、この実験結果には説得力があった。そこで、ブリティッシュ・レイランドはエンジンにいくつかの調整を行なって、実験で達成された最高の燃費結果を得

られるよう改善を実施したのだ。

　イシゴニスはこの当時、エンジンのノイズの改良にも貢献している。かつてのイシゴニス・チームのメンバー、チャールズ・グリフィンはその頃、ミニの改良も担当していた。そこで、当時グリフィンのチームにいたジョン・シェパード（以前はイシゴニスのチーム）に、イシゴニスと一緒に仕事をしてエンジンノイズを減らすように指示する。そして、改善作業が終わった後で、グリフィンはイシゴニスにこう言った。

「とても静かになりましたね。これならラジオの音もよく聞こえますよ」

　すると、イシゴニスはしかめっ面をしてこう言った。

「まさか、ミニにラジオをつけたのではないだろうな！？」

「いえいえ、そんなことはしていませんよ」とグリフィンは笑って答えた。イシゴニスは長年、運転中にラジオを聞くのは邪道だと固く信じていたのだ。

　シェパードと一緒に公式に仕事をしたのは、この時が最後であった。だが、イシゴニスが引退してからずっと、シェパードは毎日曜日にイシゴニスの家を訪ねていたので、個人的に製図を頼まれたりしたことはその後もあったという。

禁煙と禁酒

　イシゴニスの体調は悪化していたが、それでも彼にはまだ驚くべき体力が残っていた。医師から運動を勧められていたが、それは拒否し、タバコも吸い続け、マティーニも飲み続けていた。しかし、ある日、自発的にタバコとマティーニを完全にやめると決心し、見事な自制心を皆に示したのである。だがその結果、イシゴニスの体調はさらに悪くなってしまった。医者は、「素晴らしい決断と実行力ですが、突然やめたことで逆効果になっているようです。徐々に辞めるようにしてください」とアドバイスした。

　この後も体調は悪化し続け、週に何度か介護に来てもらう必要性が生じた。このために経済的に苦しくなり、1980年10月、まだブリティッシュ・レイランドで働いていた友人たちの会社への働きかけにより、コンサルタント報酬料の他に、介護費用をカバーしてもらうことになった。

さらに数年が経った 1984 年 6 月のある夜、イシゴニスは潰瘍で倒れ、翌朝、発見された。発見が遅れたにもかかわらず、幸運にもイシゴニスは一命を取り留める。しかしこの後、ナッフィールド高齢者福祉施設にしばらく入居する。その後、再び自宅に戻ったものの、さらなる介護が必要な状況になっていった。

4　新型エンジン対決

待望の新型エンジン

　ここでは、イシゴニスがギヤレスと並行して開発を進めていた、新型エンジンについて触れる。

　1975 年に国有化されたブリティッシュ・レイランドはその後、組織の変更や経営陣の交代を繰り返し、労働組合はストライキを頻繁に起こしていた。だが、イシゴニスはこうしたことはほとんど気にかけず、ミニの後継モデルとするべく小型車 9X の開発を懸命に続けていた。いつかだれかが自分の意見に耳を傾けてくれることを願って、決してあきらめなかったのだ。

　長年ミニにも搭載されてきた A シリーズエンジンが最初に登場したのは、1951 年であった（最初の搭載車はオースティン A30）。それから約 30 年後の 1980 年には、A シリーズエンジンの排気量はオリジナルの 803cc から最大で 1275cc になっていた。ミニの後継モデルのプロジェクトのひとつだった 1970 年代前半の ADO74（ハッチバックの"スーパーミニ"のコンセプト）でも、新型エンジンを開発する動きはあったものの、資金不足によって実現しなかった。つまり、新型エンジンの代わりに、これまでずっと A シリーズエンジンの改良が行なわれてきたのだ。しかし、1980 年代に入ると、いよいよそれも限界になる。排ガス規制の点からはもちろん、技術面からも新型エンジンが必要になっていた。こうしてようやく、新型 K シリーズエンジンの開発計画が 1983 年に立案される。

　イギリス政府は労働党政権時代の 1975 年にブリティッシュ・レイランドを国有化したが、1979 年に保守党のサッチャー政権が誕生すると方針が変更された。新政権は早期にブリティッシュ・レイランドを民営化しようとしていたのだ。この影響を

受けて、Kシリーズエンジンが正式に会社のプロジェクトとして認められるまで、立案から2年を要した。そして1985年、ようやく正式に会社のプロジェクトとして認められたのである。

9Xエンジンの特徴

　イシゴニスはかねてから、パワーユニットの大きさはインテリアのスペースに影響を与え、小型車設計の際には特にこの点が大きな課題になると、よく話していた。パワーユニットが小さければ小さいほど、小型車のインテリアスペースは広がる。イシゴニスは9Xプロジェクト（ミニの後継モデル開発）の柱は小型軽量の9Xエンジンだと考えるようになって以来、その開発に心血を注いでいた。そして1960年代後半の数年間に、その試作エンジンをミニと1100をはじめとするさまざまなモデルに実験的に搭載している。

　9Xエンジンには、1922年から1939年にかけて生産されたオースティン・セブンのエンジン（4気筒／747cc）の思想が取り入れられている。オースティン・セブンのエンジンでは、鋳鉄製の短いシリンダーブロックは"単体型"となっており、鋳鉄製シリンダーヘッドと大型アルミ製クランクケースの間に挟まれている。そしてこの"サンドイッチ"は、ボルトとナットで固定されている。この手法は、20世紀初頭のエドワード7世時代（1901－1910）のエンジン技術にそのルーツがある。

本書でもたびたび登場してきた、戦前のイギリスを代表する小型車「オースティン・セブン」。第1章で述べたように、イシゴニスもかつて個人的に2台のセブンを所有し、改造を行なってレースに出場していた。そのセブンのエンジンに使われていた手法を、イシゴニスは9Xエンジンに取り入れている（トヨタ博物館所蔵）。

第6章　定年後のイシゴニス

　Aシリーズエンジンも含め、後の時代のエンジンは、シリンダーブロックとクランクケースが"一体鋳造型"（鋳鉄製）であり、これにシリンダーヘッドが取り付けられている。つまり、2ピースで構成されていることが一般的である。

　イシゴニスは、アルミと鋳鉄という異なる素材を組み合わせることで、極めてコンパクトな軽量エンジンを考案し、Aシリーズエンジンとその兄弟エンジンのメカニカルな欠点を改善しようとした。そして、シリンダーヘッド、シリンダーブロック、クランクケースの3つをサンドイッチ方式でひとつにする手法をオースティン・セブンから受け継ごうと考えたのである。ただし、3ピースの素材の組み合わせはオースティン・セブンと9Xでは異なっている。オースティン・セブンでは、クランクケースのみがアルミ製であったが、9Xでは、軽量化を図るために、シリンダーヘッドとクランクケースをアルミ製とし、短いシリンダーブロックのみを鋳鉄製としている。この3ピースをオースティン・セブンのエンジンと同じように、スタッドボルトとナットの手法でひとまとめにするのだ。

試作車9Xには、軽量小型が特徴の"9Xエンジン"が搭載されている。シリンダーヘッドとクランクケースはアルミ製、シリンダーブロックのみ鋳鉄製。スタッドボルトとナットでこの3つを"サンドイッチ"する手法は、1922年に誕生した「オースティン・セブン」から受け継いだ（AWMM所蔵）。

241

アルミを採用し、また部品点数を少なくすることで、9X は A シリーズエンジンよりも大幅に軽量になり、製造もしやすくなる。もし量産化が実現していれば、イシゴニスが手がけた開発のなかでも、革新的で素晴らしいエンジニアリングのひとつになったのは間違いないだろう。

9X 対 K シリーズ

前述のように、ブリティッシュ・レイランドが開発しようとしていた K シリーズエンジンは、1985 年にようやく会社のプロジェクトとして正式に認められた。イシゴニスは、このニュースを聞いた時から、K シリーズエンジンに敵対心を燃やし始める。だが、実のところ、K シリーズと 9X の基本概念には共通点が多い。どちらも軽量で、燃料効率が高く、強力なパワーを目指している。また両者とも鋳鉄に代わって軽量のアルミを採用し、いわゆる"サンドイッチ構造"を採用している。K シリーズエンジンは、シリンダーヘッド、ブロック、短いクランクケース、それとベアリングとクランクシャフトをクランクケースに固定するためのベアリングラダーで構成されている。そして、10 本の非常に長いボルト（スタッドボルト）をシリンダーヘッドの上からブロック、クランクケース、ベアリングラダーを通過させ、各先端をナットで留めている。

オースティン・セブンのエンジンに使われていたこの手法を 9X または K シリーズに発展させたことは、9X は生産には至らなかったとはいえ、実に興味深い。イシゴニスが設計した 9X エンジンは、秘密裏に開発が行なわれていたわけではなかったし、9X プロジェクトの初期にイシゴニスと一緒に働いていたエンジニアたちは、後にブリティッシュ・レイランドの他の部署で仕事をしている。つまり、イシゴニス自身は直接 K シリーズエンジンに携わっていないが、イシゴニスのアイディアのいくつかが K シリーズエンジンに採用されたことは十分に考えられる。アレック・イシゴニスが 1920 年代後半と 1930 年代初期に個人的に購入したオースティン・セブンの改良を楽しんでいたことが、1980 年代末に登場した K シリーズエンジンに影響を与えている。こう考えることは可能なのだ。

しかし、イシゴニス自身はそう考えてはいなかった。9X と K シリーズのどち

第6章 定年後のイシゴニス

らが優れているかという問題は、イシゴニスにとって、ブリティッシュ・レイランドの経営陣との最後の戦いの場となったのである。そして、コンサルタントとしての最後の数年間に、イシゴニスはブリティッシュ・レイランドの経営陣宛に何通も手紙を書き、9Xエンジンの設計の優位性を訴えた。しかし、その際、直接Kシリーズと比較することは、イシゴニスの立場を危うくする行為だったのだ。

また、イシゴニスの代理人として、アシスタント・エンジニアのロド・ブルは、1986年の終わり頃に9Xエンジンの説明会を開催している。ブリティッシュ・レイランドからは量産車部門の管理職の他に、試作モデル製造部門とパワートレイン部門の責任者もこの説明会に出席した。しかし、残念ながら、良い反応は得られなかった。ロッド・ブルからこの報告を聞いたイシゴニスは、結果を予想していたのか、ただ眉をひそめただけだったという。

こうした状況であったにもかかわらず、1986年の時点で6台のクルマがイシゴニスの"小型車リサーチ部門"に割り当てられていた。その内訳を見てみると、ADO15が1台（ギヤレス）、ADO20が4台（うち3台は4気筒の9X、1台にギヤレスを搭載）、マエストロが1台（6気筒の9X搭載）であった。さらにこの年の10月末には、イシゴニスはマエストロを生産されたばかりのMGメトロ・ターボ

1987年の撮影当時、イシゴニスが9Xエンジンの実験に使っていた車両のうちの4台。ギヤレス・ミニが2台、ギヤ付きのミニが1台、後方の1台はMGメトロ。

イシゴニスが手にした最後の実験用車両、MGメトロのエンジンルーム。イシゴニスはこのメトロに6気筒の9Xエンジンを搭載して実験を続けた。

243

イシゴニスが仕事に使っていたオーク製の大型チェスト。中にはスケッチと書類が残されていた。現在はブリティッシュ・モーター・インダストリー・ヘリテッジ・トラスト（BMIHT）が管理保管している。

に交換することをリクエストし、そして12月にはマエストロに搭載されていた6気筒の9Xエンジンをこのメトロに載せ替える作業が完了している。こうして開発実験は続けられていたのである。

しかし、第5章で書いたように、1986年にブリティッシュ・レイランドはローバーグループへと社名を変更している。この時、イシゴニスの味方だった経営幹部のマーク・スノードンは失脚する。また、イシゴニスの"クレムリン"のオフィスは（実際には使用していなかったが）、他の人に割り当てられることになった。この部屋にはイシゴニスが使っていた木製のチェストが置かれており、引き出しのなかには多数のスケッチと書類が保管されていた。ロッド・ブルは急遽、このチェストをブリティッシュ・モーター・インダストリー・ヘリテッジ・トラスト（BMIHT）に引き渡す手配をとった。

一方、イシゴニスは、新たに最高経営責任者に就任したカナダ出身のグレアム・デイ宛に1987年2月24日の日付で手紙を書いた。その手紙には、ミニはモデルチェンジされるべきであり、その後継モデルとして9Xを採用すべきであること、また9Xはサブフレームとラバーサスペンションを採用せず、軽量の9Xエンジンを採用するためにミニのAT仕様よりも約100kg軽量になる、といった内容が書かれている。そして追伸として、現代の自動車の設計手法を批判するコメントも短く書かれていた。

イシゴニスの手紙は、新しい経営トップの関心を引くことにある意味では成功

したようだ。しかし、その後に起こったことは、彼の期待とはまったく異なっていた。ほどなくしてイシゴニスのもとに、コンサルタント契約は終了するという通知が届いたのである。そして、イシゴニスのアシスタント・エンジニアのロッド・ブルは他部所へ配属された。また新型 K シリーズエンジンは、ローバー 200（Mk Ⅱ）に搭載されて、1989 年にようやく市場に投入された。

5　エンジニア人生を全うして

伝記の素材集め

　イシゴニスは、これまでの行動からもわかるように、ひとつの目標に向かって邁進する性格で、自信をもって我が道を歩んできた。だが、思い通りにならなかったブリティッシュ・レイランドでの経験は、イシゴニスの自信を揺るがし、歳をとるにつれてその影響が表面化するようになる。耳の病も相まって、イシゴニスはさまざまな面で自信を失い、晩年は世間とのつながりをほとんど持たなくなっていた。

　味方であったマーク・スノードンが辞任し、コンサルタント契約も終了したことで、ついにイシゴニスも 9X プロジェクトは終わったと受け入れざるを得なくなった。ただ、体は衰えたが、気力は衰えていなかった。そこでイシゴニスは、次のプロジェクトは自分の伝記をまとめることだと考えたのである。これまで、公式に伝記を書かせて欲しいという問い合わせを何度も受けてきたが、いつも断ってきた。知らない人に自分のことを話したくなかったからだ。そこでイシゴニスは、BMC 時代から会社の広報を担当し、近年は個人的にもイシゴニスをサポートしてくれていたトニー・ドーソンを自分の伝記作家として選ぶ。しかしドーソンは、イシゴニスが自分を指名してくれたことを嬉しく思いながらも、健康状態がすぐれないこの頃のイシゴニスは、以前よりも気が短くなっており、伝記の内容を巡って彼と仲違いするようなことになるかもしれないと心配もしていた。

　イシゴニスは参考資料として、叙勲を受けた時の手紙や書類をドーソンに渡した。またドーソンの手元には、1970 年にイシゴニスのスケッチ展示会が開催された

時に集めた154点のスケッチが、まだ残っていた。これは展示会のためにイシゴニスが選んだスケッチで、本人が短い説明を書き添えていた。イシゴニスは新たに200点近くのスケッチをドーソンに渡し、これにも説明を書いている。さらに、自分がデザインしたクルマのことが掲載された雑誌の記事や本にも、手書きで率直なコメントを書き入れ、参考資料としてドーソンに渡した。

子供時代の素材集めには、親戚のメイも協力している。トルコで過ごした子供時代を一緒に振り返り、思い出を話してその録音をとったのだ。1922年にトルコのスミルナが炎に包まれ、避難民となって十代後半でイギリスにやってきたイシゴニスは、長い間当時の衝撃的な出来事を振り返ることはなく、心の奥に封印してきた。老年となったこの時期には、かつての記憶がよみがえり、過去に受けた心の痛みをいっそう強く感じることもあったようだ。だが、同じ経験をしているメイとは、多くを語らずともその痛みを共有できたのであろう。イシゴニスは夜遅くにメイに電話をして自分たちの幼い頃の話をしたり、はっきり思い出せない事柄について彼女に訊ねたりしていたという。

永遠の遺産

イシゴニスは、1988年10月2日に亡くなった。82歳の誕生日を迎えるひと月前であった。死因は心臓疾患と肺炎と記録に残されている。亡くなる2日前に、最初にモーリス・マイナーを開発した時からチームのメンバーだったジャック・ダニエルズに電話し、会いに来て欲しいと頼んだ（ダニエルズも引退し、イギリス南部のボーンマスに引っ越していた）。ダニエルズが看護師から許可された面会時間は、わずか10分間だったという。ダニエルズの顔を見ると、イシゴニスは喜び、会いに来てくれてありがとうと礼を言った。

葬儀はイシゴニスが住んでいたバーミンガム近郊にある聖ジョージ教会で行なわれ、同僚と友人、看護した人たちが参列した。訃報を聞いたモーリス・マイナー・クラブは、モーリス・マイナーにかたどった黄色い菊の花の大型リース（輪飾り）を送った。また、イシゴニスの友人で俳優／映画監督のピーター・ユスティノフから届いた追悼のメッセージを代理人が読み上げたという。

第6章　定年後のイシゴニス

バーミンガム近郊にある聖ジョージ教会。1988年10月、自宅近くのこの教会でイシゴニスの葬儀が行なわれた。

　さらに翌月の11月4日、イシゴニスの自動車業界への多大な功績を讃えようと、感謝の礼拝がバーミンガム大聖堂で行なわれている。イシゴニスのかつての同僚、友人、親戚が参列し、スノードン伯爵が弔辞を述べた。そして大聖堂の外には、イシゴニスが遺した永遠の遺産を代表して、第1号のモーリス・マイナー、第1号のモーリス・ミニマイナー、そしてロングブリッジの生産ラインで製造されたばかりの1台のミニが並べられていた。

■ブリティッシュ・レイランド誕生までの変遷：1895 − 1968

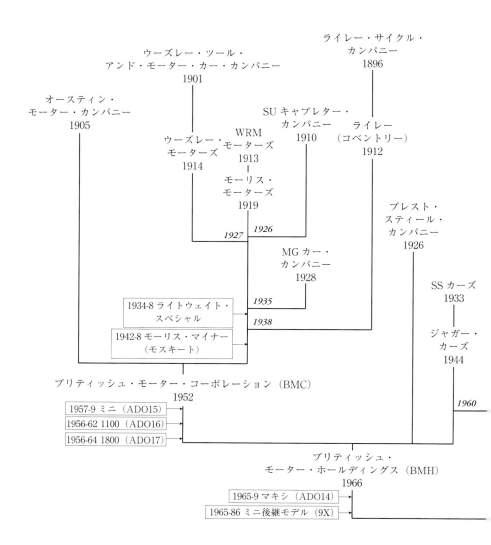

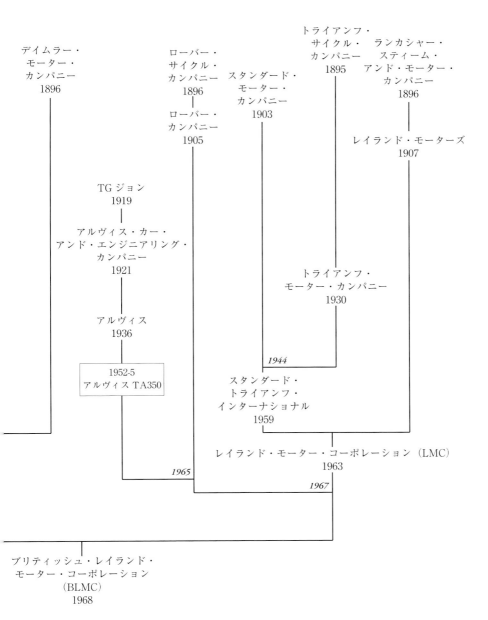

ブリティッシュ・レイランド誕生後の変遷：1968−2000

年	持株会社	変更内容	ミニの事業部門	変更内容
1968	British Leyland Motor Corporation Ltd ブリティッシュ・レイランド・モーター・コーポレーション Ltd	ブリティッシュ・モーター・ホールディングス (BMH) とレイランド・モーター・コーポレーション (LMC) の合併により設立 (1975年に活動終了)	Austin Morris Group オースティン・モーリス グループ (オースティン・モーリス 事業部門)	ミニを含む、量産車の製造を担当する事業部門として設立。
1975	British Leyland Ltd ブリティッシュ・レイランド Ltd (British Leyland Motor Corporation Ltd に代わる新持株会社)	国有化。イギリス政府が株式の 99.8％ を保有。		
1978	BL Ltd	社名変更のみ。	Austin Rover Group オースティン・ローバー グループ (オースティン・ローバー 事業部門)	オースティン・モーリス グループに代わり設立。
1981		社名変更のみ。		
1986	Rover Group Plc ローバーグループ Plc			
1988	Rover Group Holdings Ltd ローバーグループ・ホールディングス Ltd	民営化。イギリス政府は、1988年に保有株をブリティッシュ・エアロスペース Plc に売却。	Rover Group ローバーグループ	オースティン・ローバー グループに代わり設立。
1990				
1995	BMW UK Holdings Ltd BMW UK ホールディングス Ltd	ブリティッシュ・エアロスペース Plc は、前年の1994年に保有株をBMW AGに売却。		
2000		BMW AG は、量産車の事業部門をフェニックス・コンソーシアムに売却。→	MG Rover MGローバー (フェニックス・コンソーシアムの商号)	イシゴニスが設計したミニの製造は2000年10月に終了。

注：Ltd はリミテッド、Plc はパブリック・リミテッド・カンパニーを示す。

■ 参考文献

書籍（Books）
Gillian Bardsley and Stephen Laing, *Making Cars at Cowley*, The History Press Ltd, 2013
Gillian Bardsley and Colin Corke, *Making Cars at Longbridge*, The History Press Ltd, 2016
James Taylor, *British Leyland: The Cars, 1968–1986*, The Crowood Press Ltd, 2018
Jonathan Wood, *Alec Issigonis: The Man Who Made the Mini*, The Derby Books Publishing Company Ltd, 2012
L. J. K. Setright, *Mini: The Design Icon of a Generation*, Virgin Publishing, 1999
Giles Chapman, *The Mini Story*, The History Press Ltd, 2011
Chris Rees, *The Complete Catalogue of the Mini: Over 500 Variants from around the World, 1959—2000*, Herridge & Sons Ltd, 2016
Alex Moulton, *From Bristol to Bradford-on-Avon: A Lifetime in Engineering*, Rolls-Royce Heritage Trust, 2009
Alex Moulton, *A Lifetime in Engineering: An Interview with Alex Moulton and John Pinkerton*, Lit Verlag, 2008
Susan Cohen, *1960s Britain*, Shire Publications Ltd, 2014
ローレンス・ポメロイ著　小林彰太郎翻訳『ミニ・ストーリー』二玄社1968年
ジョン・ティプラー著　小川文夫翻訳『ミニ・クーパー・ストーリー』三樹書房　1996年
当摩節夫著『ミニ 1959-2000 世界標準となった英国の小型車』三樹書房　2012年
今井宏平著『トルコ現代史 オスマン帝国崩壊からエルドアンの時代まで』中央公論新社 2017年
鈴木董著『オスマン帝国の解体 文化世界と国民国家』講談社　2018年
長谷川貴彦著『イギリス現代史』岩波書店　2017年
君塚直隆編著『イギリス近現代史』ミネルヴァ書房　2018年
『山川 世界史小辞典』（改訂新版）山川出版社　2004年
『外国為替の知識』（第4版）日本経済新聞出版社　2018年
『世界大百科事典』（第2版）平凡社／コトバンク

映像（Films）
映画『ミニミニ大作戦』（原題：*The Italian Job*）1969年
映画『ミニミニ大作戦』のメイキング（*The Making of the Italian Job*）
Those Were the Days: Britain in the 1960s, Written and Produced by Simon Richardson, Green Umbrella

■取材協力
Toyota Automobile Museum（トヨタ博物館／愛知県長久手市）
British Motor Museum（英国ゲイドン）
Atwell-Wilson Motor Museum（英国ウィルトシャー）
Science Museum（科学博物館／英国ロンドン）

■写真提供
British Motor Industry Heritage Trust（BMIHT）
※本書掲載の以下の図版は、BMIHTよりご提供をいただきました。
© British Motor Industry Heritage Trust
p.22　p.28 上　p.28 下　p.36 上　p.36 下　p.42　p.49　p.52　p.58　p.59　p.60　p.64　p.69
p.73　p.78　p.82　p.84　p.86　p.87　p.90　p.93　p.95　p.102　p.114　p.122　p.124　p.129
p.131　p.136　p.139　p.143　p.147　p.152　p.153　p.160　p.167　p.169　p.177　p.181
p.184　p.192 上　p.192 下　p.193　p.196　p.202 左　p.202 右　p.204　p.207 左　p.207 右
p.209　p.210　p.212 上　p.212 下　p.213　p.216 上　p.216 下　p.217　p.219　p.222　p.224
p.229　p.243 左　p.243 右

Issigonis Estate
BMW AG
AUDI AG
Penny Plath（旧姓：Dowson）
John Baker
Makoto Kojima
Gillian Bardsley
自動車史料保存委員会

あとがき

　イギリスの自動車誌の翻訳という仕事を通して、ミニに驚かされたことがこれまでに二度ありました。最初は、2005年春にMGローバーの経営破綻に関する記事を翻訳していた時のことでした。そこには、「ミニは長年赤字モデルだった」と書かれていたのです。ミニは1980年代後半のバブル期を中心に、日本の輸入車市場のなかでも特に人気が高いクルマだったという印象を強く持っていた私には、これはまったく意外な話でした。イギリス人の自動車ジャーナリストが書いたこの記事は、MGローバーが破産した理由を考察する内容でしたが、私にとっては、ミニの知られざる側面を知った記憶に残る記事となりました。
　そして、二度目に驚いたのは、ミニがかつて小型車革命を起こしたクルマだったという短い一節を翻訳した時でした。簡潔な表現を好む、先ほどとは別のイギリス人自動車ジャーナリストは、「ミニが永遠に"クルマ"を変えた」というひと言で、その記事を締めくくっていました。最初は何のことを言っているのかピンとこなかったのですが、"FFの横置きエンジン"という、現在一般的となっているレイアウトは、ミニよって広くマーケットに浸透したのだという事実を知った時、それまでミニのことを単純に、"イギリス国旗がよく似合う小さなクルマ"というぐらいにしか思っていなかった私のなかで、このクルマのことをもっと知りたいと思う気持ちが芽生えました。
　二度目にミニに驚かされてから数年後の2014年、イギリスのゲイドンにあるブリティッシュ・モーター・ミュージアムを訪ねました。当時、まだヘリテッジ・モーター・センターと呼ばれていたこのミュージアムで、生産車第1号のモーリス・ミニマイナーやコンセプトカーのMG EX-Eなど、ここでしか見られない貴重なクルマを何台も見て楽しいひとときを過ごした後、館内のショップで偶然手にした本が、本書

の著者であるジリアン・バーズリー（Gillian Bardsley）氏の *Making Cars at Cowley* という一冊でした。これは、本書で何度も登場している、かつてモーリスの本拠地だった"カウリー工場"の100年にわたる歴史を綴った本です。この本をきっかけに、私はバーズリー氏の他の著作にも興味を持ち、*Mini*（2013年出版）、*Morris Minor*（2017年出版）、そして代表作で長編の伝記 *Issigonis: The Official Biography*（2005年出版）という、本書の元となった三冊の本に巡り合うことができました。

なかでもバーズリー氏の本として二冊目に読んだ *Mini* は、前述のように、このクルマについてもっと知りたいと思っていたタイミングで出会ったうえに、ミニの魅力を存分に楽しむことができる、読んでいてワクワクする本でもあったので、読み終えた時には、この本を日本で出版したいという思いに駆られていました。そこで三樹書房の小林社長にご相談したところ、「それならばミニについてはもちろん、その生みの親であるイシゴニスさんについても、一緒に紹介すると面白いのでは。やってみましょう」という心強い助言をいただくことができ、伝記 *Issigonis: The Official Biography* を中心に、新たな構成で今回の日本語版をつくらせていただくことになりました。

それからは、来る日も来る日もミニとイシゴニスのことを考えながら、バーズリー氏の本を何度も読み返し、また彼女の考えを深く理解するためにミニやイシゴニスに関する他の著作物にも目を通す日々を過ごしました。本書の「はじめに」でご本人が書いているように、バーズリー氏は、アレック・イシゴニスの伝記を書くために、彼が残した資料を直接手に取り、長期にわたって研究を重ねました。ここに、そのように真摯に取り組んだ"イギリス人の目"を通して書かれた、ミニとイシゴニス論をお届けできることを大変光栄に思います。

2019年、ミニは誕生から60周年を迎えました。イギリスでは、シルバーストーンサーキットや、アレック・イシゴニスがアマチュアレーサーとして通ったシェルズリー・ウォルッシュのヒルクライムをはじめ、数多くの会場で記念イベントが開催されました。バーズリー氏が所属するBMIHTはブリティッシュ・モーター・ミュージアムを運営していますが、ここでもミニの誕生60周年を祝うイベントが行なわれまし

ミニ誕生から60周年を迎えた2019年8月、英国のブリティッシュ・モーター・ミュージアムでも記念イベントが開催された。イシゴニスが設計した2000年までのミニはもちろん、ミニ・マーコス、BMWミニのオーナーもミュージアム前に大集合。ミニを愛する人たちが60周年を祝った（写真提供：BMIHT）。

た（写真参照）。

　最後に、ゲイドンを訪れることを勧めてくれた英国版 *AUTOCAR* 編集長のスティーブ・クロプリー（Steve Cropley）氏、長年にわたりVW UKの広報トップを務め、今回バーズリー氏の連絡先を教えてくれた友人のポール・バケット（Paul Buckett）氏、2018年のBMIHT訪問から今日に至るまで、細かな質問や依頼に丁寧に応じてくれた著者のジリアン・バーズリー氏、三樹書房社長の小林謙一氏、編集部の山田国光氏、中島匡子氏、遠山佳代子氏、そしてこの本を読んでくださった読者の皆さまに、深く御礼申し上げます。

小島 薫
Kaoru Kojima

著者紹介

ジリアン・バーズリー　Gillian Bardsley

エディンバラ大学にて歴史学と社会人類学を専攻。1990年より、アーキビスト(歴史的文書類の考証、収集などを行なう専門職員)としてブリティッシュ・モーター・インダストリー・ヘリテッジ・トラスト(BMIHT)に勤務し、自動車およびこの産業の発展に貢献した人物に関する世界有数の歴史的資料を取り扱う。イギリス自動車業界の歴史を広範囲に調査研究し、著書多数。特にイギリス自動車業界の激動期の中心地となったブリティッシュ・レイランドを詳細に研究しており、そこに登場した重要人物に深い知識を持つ。サー・アレック・イシゴニスの研究者として、高い評価を得ている。

編著・翻訳者紹介

小島 薫　Kaoru Kojima

早稲田大学 教育学部 英語英文学科卒。1992年より、ドイツ車のインポーターに勤務し、全車両のオーナーズ・マニュアル(取扱説明書)の作成を担当。2003年より、イギリスの自動車メディアを中心にフリーランスで翻訳を行なっている。初めて所有したクルマはVWゴルフ。これまでに10台以上のCセグメントに乗り続ける。趣味はピアノ。

ミニの誕生から終焉
名設計者アレック・イシゴニスを中心として

著　者　　　ジリアン・バーズリー
編著・翻訳者　小島 薫

発行所　三樹書房
〒101-0051 東京都千代田区神田神保町1-30
TEL 03(3295)5398　FAX 03(3291)4418
URL http://www.mikipress.com

組　版　　閏月社
印刷・製本　モリモト印刷株式会社

©Gillian Bardsley/Kaoru Kojima/MIKI PRESS
Printed in Japan